"十二五"职业教育国家规划教材

经全国职业教育教材审定委员会审定

元器件识别与采购项目教程

第 2 版

主编　宋　凌

参编　邓新军

主审　赵玉林

机械工业出版社

本书是"十二五"职业教育国家规划教材,经全国职业教育教材审定委员会审定。本书包括元器件的识别、采购、检测和库存四个方面内容。以完成工作任务为导向,详细介绍了常见的插件式电阻、电容、电感、二极管、晶体管及一些电声器件的外观、基本参数、参数的含义及其基本测量方法,并且加入了采购和抽样检测的一些相关知识。另外,对贴片元器件的识别进行了介绍。库存方面是以一个小型库存管理软件的使用为例,简单介绍了元器件的存放条件及库存管理方法。

本书图文并茂,适合作为高等职业院校、技师学院和高级技工学校的应用电子技术、通信工程、光机电、电气工程及自动化等专业学生的入门级教材,也可作为电子爱好者的自学教材。

为方便教学,本书有电子课件等,凡选用本书作为授课教材的老师,均可通过电话(010-88379564)或QQ(3045474130)咨询。

图书在版编目(CIP)数据

元器件识别与采购项目教程/宋凌主编 . —2 版 . —北京:机械工业出版社,2015.8

"十二五"职业教育国家规划教材

ISBN 978-7-111-58545-9

Ⅰ.①元… Ⅱ.①宋… Ⅲ.①电子元器件-识别-高等职业教育-教材②电子元器件-采购管理-高等职业教育-教材 Ⅳ.①TN6

中国版本图书馆 CIP 数据核字(2017)第 289826 号

机械工业出版社(北京市百万庄大街22号 邮政编码100037)
策划编辑:曲世海 责任编辑:曲世海
责任校对:张晓蓉 刘雅娜 封面设计:马精明
责任印制:张 博
北京建宏印刷有限公司印刷
2022 年 6 月第 2 版第 1 次印刷
184mm×260mm · 9 印张 · 222 千字
标准书号:ISBN 978-7-111-58545-9
定价:35.00 元

电话服务 网络服务
客服电话:010-88361066 机 工 官 网:www.cmpbook.com
　　　　　010-88379833 机 工 官 博:weibo.com/cmp1952
　　　　　010-68326294 金 书 网:www.golden-book.com
封底无防伪标均为盗版 机工教育服务网:www.cmpedu.com

前　言

　　本书适合作为高等职业院校、技师学院及高级技工学校应用电子技术、通信工程、光机电、电气工程及自动化等专业学生的入门教材。本书内容涵盖了元器件的识别、采购、检测和库存四个方面的内容，以完成任务为学生的学习目标，以项目式的教学方式在情景中教会学生掌握知识。

　　由于市面上出版的电子类专业书籍中，涉及电子类产品的采购、检测和库存管理的书籍比较少，而现阶段电子工厂数量庞大，需要的员工数量增多，所以本书专门针对电子工厂的采购员、质检员和库存管理员三个岗位的工作需要来编写，内容大致覆盖了这三个岗位所需要的知识和能力。

　　本书由宋凌主编。项目1、项目2、项目4和项目5由宋凌编写，项目3由邓新军编写，赵玉林任主审。在此首先感谢赵玉林对本书编写工作提出的宝贵意见及建议。本书编写中得到了深圳技师学院科研办及其他老师的大力支持和帮助，大部分的图片处理由于子光先生帮助完成，特在此一并表示感谢。

　　由于编者的水平所限，错误和疏漏之处在所难免。在此，本书全体编者恳请使用本书的师生和读者批评指正。

编　者

目　　录

项目1 基本元件的采购与检测

日常生活中到处都是电子产品，大的产品如电视机、电冰箱、电磁炉等家用电器，小的产品如收音机、手机、数码相机、MP3、MP4 等。对于电子行业的从业人员，能认识各种电子元器件并了解它们的性能是最基本的职业素养。本项目先介绍基本元件的采购与检测。

项目 目标与要求

- 能识别各种基本元件。
- 会收集元件的相关资料。
- 能理解各种基本元件参数的含义。
- 能看懂物料单或采购单。
- 会编写询价合同。
- 能够根据反馈回来的报价进行议价。
- 能用模板制作出采购合同。
- 能正确付款。
- 会使用万用表对元件进行检测。
- 会填写检测报告。

项目 工作任务

- 根据物料单或采购单查询元件资料。
- 查询供货商信息并根据询价合同进行询价、议价。
- 签订采购合同、实施采购并正确付款。
- 使用万用表对采购回来的元件进行检测并填写检测报告。

项目 情景式项目背景介绍

某电子生产厂家目前元件库存不足，需要采购一批电子元件，现在工程（计划）部门给出一张采购清单，作为该公司的采购员和质检员，你该如何完成元件采购任务并对采购的元件进行质量检测呢？

根据该项目内容，可分为四个步骤（任务）来完成：

1）根据物料单或采购单查询清单上的插件式元件的资料。

2）查询供货商信息并根据询价合同进行询价、议价。

3）正确签订采购合同、实施采购并付款。

4）对元件进行质量检测并填写检测报告。

下面来学习如何采购，××科技有限公司 12 月份的元件采购单样本见表 1-1。

表 1-1　标准采购单样本

项目	参数	品名规格	品牌	单位	数量	单价/元	金额/元	交货时间

××科技有限公司　　ROHS 采购单
TEL：0755-8334××××　　FAX：0755-8328××××

厂商名称	××电子有限公司		下单日期		07-12-09
联络人	黄××		No. 20091207. 2		
厂商电话	0755-8334××××		采购员		×××
厂商传真	0755-8328××××		付款方式		货到 20 天清款
厂商地址	×××		交货地点		×××路××号×栋××大厦×××室
项目	参数	品名规格	品牌	单位	数量	单价/元	金额/元	交货时间
1	1/8W	3.6kΩ 碳膜电阻	国产	个	10 000	0.01	100.00	12 月 9 日
2	1/8W	56kΩ 金属膜电阻	国产	个	5 000	0.012	60.00	12 月 9 日
3	Pitch = 2.5mm	68nF 瓷片电容	国产	个	5 000	0.015 2	76.00	12 月 9 日
4	φ4mm×7mm	4.7μF 电解电容	国产	个	5 000	0.03	150.00	12 月 9 日
5	603	4.7kΩ 贴片电阻	国产	个	5 000	0.002 2	11.00	12 月 9 日
6	603	10kΩ 贴片电阻	国产	个	10 000	0.002 2	22.00	12 月 9 日
7	603	1MΩ 贴片电阻	国产	个	5 000	0.002 2	11.00	12 月 9 日
	备注		币别	人民币	合计		430.00	

一	所订货物须随货附订货单，需满足 ROHS 要求（大小包装上需有 ROHS 标示），且标明本公司订单号码，并如期送交指定的收货处。如因货物不合规格导致买方遭受损失，由卖方完全负责，货物经买方核收，如日后发现品质不合格，卖方仍应负责更换合格品，并且赔偿买方造成的损失
二	所订货物单价同意后，不得任意要求调整，另运输费用由卖方承担
三	付款条件：货交清经验收合格后在指定日期付款
四	所交货品确定为不合格者，因空间有限，厂商于接到通知三天内自行取回，逾期本公司不负任何保管之责任
五	逾期交货，每逾一天扣除 1% 的货款（不可抗拒灾害除外），或因而向其他厂家购买时，本订单自然失效，厂商不得要求支付任何费用

厂商签回：	核准：	经办：

注：ROHS 的全称是"关于限制在电子电器设备中使用某些有害成分的指令"。

项目　任务书

根据上述背景介绍，可以将四个任务分步骤进行并罗列如下：

工作任务	任务实施流程
任务 1　查询元件资料	步骤 1　明确采购任务、分析采购单或物料单
	步骤 2　查询元件图片及主要参数资料
任务 2　询价与议价	步骤 1　查询供货商信息
	步骤 2　填写询价合同
	步骤 3　进行询价、议价并确定供货商
任务 3　采购与付款	步骤 1　填写采购合同并与供货商签订合同
	步骤 2　实施采购并付款
任务 4　元件的检测	步骤 1　用万用表对电阻进行检测
	步骤 2　用万用表对电容进行检测
	步骤 3　填写检测报告

任务 1　查询元件资料

学习目标

1. 初步了解采购流程。
2. 了解元件的种类、作用及使用环境。
3. 了解上网查询元件资料的方法。
4. 知道各种常用元件的主要参数的含义。
5. 知道采购单或者物料单的作用。

工作任务

1. 明确采购任务。
2. 按要求查询元件的主要参数。
3. 识别各种常用元件的外形。
4. 理解各种常用元件主要参数的含义。
5. 看懂采购单或者物料单。

[任务实施]

学一学

1. 采购的流程

采购元件需要按照一定的流程来执行，下面是某电子工厂的标准采购流程图，如图 1-1 所示。

由图可知，采购单（物料单）是由生产部门提供的，经过决策和财务部门审批后，由采购部门进行采购。假设将前面提到的采购单（见表 1-1）中的采购内容提取出来，制成另外一个物料单样本（见表 1-2），已通过了决策及财务部门的审批，那么现在对清单所列项目进行采购，需要进行一些什么准备工作和采取一些什么步骤呢？

表 1-2　物料单样本

项次 (ITEM)	参数 (PARAMATER)	品名规格 (DESCRIPTION)	品牌 (BRAND)	单位 (UNIT)	数量 (QUANTITY)	单价 (UNIT PRICE)	金额 (AMOUNT)	交货时间 (DELIVERY DAY)
1	1/8W	3.6kΩ 碳膜电阻	国产	个	10 000	0.010 0	100.00	12月9日
2	1/8W	56kΩ 金属膜电阻	国产	个	5 000	0.012	60.00	12月9日
3	Pitch = 2.5mm	68nF 瓷片电容	国产	个	5 000	0.015 2	76.00	12月9日
4	φ4mm×7mm/50V	4.7μF 电解电容	国产	个	5 000	0.03	150.00	12月9日
备注	币别 RMB					合计	386.00	

3

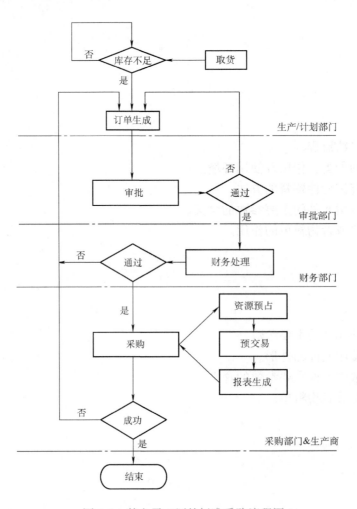

图 1-1　某电子工厂的标准采购流程图

2. 认识元件并查询参数

（1）元件的识别　要想采购到采购单上的元件，需要先认识它们的外观并了解一下相关知识。电阻器的外观如图 1-2 所示，电容器的外观如图 1-3 所示，另外还有一个重要的常见元件是电感器，电感器的外观如图 1-4 所示。

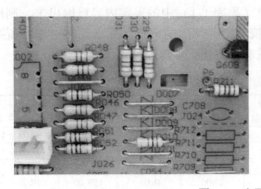

图 1-2　电阻器的外观

图1-3　电容器的外观

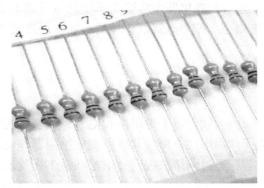

图1-4　电感器的外观

（2）元件的主要参数

1）电阻器（Resistor）：对电流的流动具有一定阻碍作用的元件，通常简称为"电阻"。电阻器的主要物理特征是变电能为热能，可以说是一个耗能元件，它在电路中的主要作用是对通过它的电流产生一定的阻碍作用。主要参数有：

① 电阻值［单位：欧姆（Ω）］：电阻器对电流阻碍作用的大小用电阻值来表示，记为"R"，该值是电阻的最重要参数。

$$R = \rho L/S$$

式中，ρ 为电阻率，取决于制作电阻材料的性质；L 为导体的长度；S 为导体的横截面积。同样材料制成的电阻器，直径越小的电阻值越大，长度越短的电阻值越小。

② 额定功率［单位：瓦（W）］：指电阻器正常工作时，长期连续工作并能满足规定的性能要求时允许的最大功率。超过此功率工作的电阻器，将可能因过度发热而被烧毁。常见的电阻器功率也有标称值，一般有 1/8W、1/4W、1/2W、1W、2W、4W、5W、8W、10W等，其中1/8W和1/4W最为常见。不同额定功率的电阻器，其体积一般会有明显的差别。它也是电阻的重要参数之一。

2）电容器（Capacitance）：是由两片极板与中间的电介质构成的，电荷能够附着在两片极板上并且能够存储，通常情况下简称"电容"。根据具体使用情况，电容器的极板和介质可以采用不同的材料和结构，导致电容器的种类繁多。电容器的主要参数有：

① 容值［单位：法拉（F）］：电容器都具备存储电荷的能力，这种能力称为电容器的容值，它表征电容器存储电荷能力的大小。通常把电容器外加1V直流电压时，两极板上存

储的电荷量称为该电容器的容值。电容值的基本单位为"法拉（F）"，但通常使用的电容容值都远小于1F，所以需要使用以下的换算关系（实际应用中，电容值大于1nF的，通常以μF为单位；电容值小于1nF的，通常以pF为单位）：

$$1F（法拉）=1\,000mF（毫法）\qquad 1mF（毫法）=1\,000\mu F（微法）$$

$$1\mu F（微法）=1\,000nF（纳法）\qquad 1nF（纳法）=1\,000pF（皮法）$$

② 耐压值（Voltage Rating）：指电容器在电路中长期有效工作而不被击穿时，所能承受的最高直流电压。在交流电压中，电容器的耐压值应该超过该处可能流过的交流电压的峰值。对于结构、介质、容量都相同的电容器，耐压值越高的体积越大。

电容器在电路中实际要承受的电压值不能超过它的耐压值，否则容易损坏或被击穿，甚至爆裂。使用电解电容器的时候，要注意正、负极不能反接。

▎做一做

上面大致学习了电阻器和电容器的基本特性，除了采购的几种电阻器和电容器之外，实际电子产品中还有哪些其他种类的电阻器和电容器？它们有哪些不同特性呢？根据以上的学习内容，通过网络来查询并填写在表1-3及表1-4中。

表1-3 常用电阻器的种类及特性

电阻器的种类	特 性 描 述
碳膜电阻	
金属膜电阻	

表1-4 常用电容器的种类及特性

电容器的种类	特 性 描 述
瓷片电阻	
电解电阻	

▎想一想

根据表1-2的物料单样本，思考如下几个问题：

1）表1-2中的Pitch =2.5mm是什么意思？

2）表1-2中的φ4mm×7mm指的是什么？

3) 表1-1中标题上写的"ROHS"是什么意思？

小贴士：想知道更多答案请查阅本项目最后的"扩展知识"内容。

任务2　询价与议价

■ 学习目标

1. 了解组成询价小组的方法与原则。
2. 熟悉询价前的准备事项。
3. 了解询价的方法和注意事项。
4. 了解议价的方法与技巧。

■ 工作任务

1. 组成询价小组。
2. 编写/填写询价合同。
3. 进行询价、议价。
4. 确定供货商，写出议价过程。

电子元器件的采购与在商场中采购商品有很大的区别：第一是该采购行为具有重复性和长期性；第二是该采购行为具有批量性。所以，采购人员对元器件的质量和价格都必须非常敏感，任何一个采购环节出错都会导致严重的生产事故。下面来学习采购前的重要环节——询价和议价。

[任务实施]

■ 学一学

在任务1中，图1-1所示采购流程图中的"采购→资源预占→预交易→报表生成"在实际采购中通常表现为如下操作过程：

1. 询价

（1）询价准备

1）计划整理。采购部门根据要求，结合采购物品的急需程度和数量规模，编制询价采购计划。

2）组织询价小组。询价小组由采购人的代表和有关专家共三人以上（最好为单数）组成，其中专家人数不得少于成员总数的三分之一，以随机方式确定。询价小组名单在成交结果确定前应当保密。

3）编制询价文件。询价小组根据采购部门相关规定和项目的特殊要求，在采购执行计划要求的时限内拟定具体采购项目的采购方案，编制询价文件。

4）询价文件确认。询价文件在确定前需经采购人确认。

5）收集信息。根据采购物品或服务类产品的特点，通过查阅供应商信息库和市场调查等途径进一步了解价格信息和其他市场动态。

6）确定被询价的供应商名单。询价小组通过随机方式从符合相应资格条件的供应商名单中确定不少于三家的供应商，并向其发出询价通知书让其在时限内给予报价。

（2）询价注意事项

1）时间。询价时间应告知生产计划、审批等有关部门。

2）询价准备会。在询价之前召集询价小组召开询价准备会，确定询价组长，宣布询价步骤，强调询价工作纪律，介绍总体目标、工作安排、分工、询价文件，确定选择成交供应商的方法和标准。

3）递交报价函。被询价供应商在询价文件中规定的时间内递交报价函，工作人员应对供应商的报价函的密封情况进行审查，如果泄密，原则上应该考虑更换供应商。

4）询价。询价小组所有成员集中开启供应商的报价函，记录报价并签名确认，根据符合采购需求、质量和服务相等且报价最低的原则，按照询价文件所列的确定成交供应商的方法和标准，确定一至两名成交候选人并排列顺序。

5）询价报告。询价小组必须写出完整的询价报告，经询价小组所有成员及监督员签字后，方为有效。

（3）询价合同样本　询价的过程就是将所需要的元器件的名称、数量、技术参数等限制条件告知供应商或生产厂家等供货方，由供货方给出可接受价格的过程。询价合同一般以报价表的形式完成。表1-5是询价合同（报价表）的样本。

表1-5　询价合同（报价表）的样本

FAX:0755- ××××××××　　　　TEL:0755- ××××××××

×××经理

×××××的采购报价表

一、产品内容及价格

序号	元器件名称	包装	数量	价格(含普通税)	价格(含增值税)	备注
1						需符合以下技术要求
2						

二、技术要求

序号	元器件名称	技术参数	备注
1			
2			

三、报价单位：_____（盖章）

　　联系地址：_____

　　联系电话：_____

（4）进行询价（询价过程）

1）上网搜索供应商或厂家的联系方式。

2）打电话与供应商联系确认。

3）将询价单传真或者发 E-mail 给供货商或厂家。

4）询价的时候一定要带量询价，需求量的大小与供货商和厂家的报价有直接关系。

小链接：

常见网络询价的网址如下。

电子元器件采购网：http：//www. ic-cn. com. cn/

IC 渠道网：http：//www. 17ic. com/

元器件交易网：http：//www. cecb2b. com/

华强电子网：http：//www. hqew. com/

中国 IC 网：http：//www. ic37. com/

2. 议价

议价的步骤为：

1）在询价完成之后，询价小组应当对供货商或者厂家反馈回来的报价单进行比较，将每个报价单中最低价的元器件挑出来进行组合，重新形成一张报价单。

2）将重新形成的报价单发往规模较大、信誉较好的供货商或者厂家，与供货商或者厂家进行议价。

3）**注意**：供货商或厂家的持续供货能力关系到产品的退货和补货能力。

做一做

1）根据以上的学习内容，完成以下任务：

① 每 5 位同学组成一个询价、议价小组，选出一名组长。

② 根据表 1-6 中所列采购需求，按照前面给出的询价合同样本，制作一张询价表。

表 1-6　采购需求

1/8W	3.6kΩ 碳膜电阻	国产	个	10 000	Pitch = 2. 5mm	68nF 瓷片电容	国产	个	5 000
1/8W	56kΩ 金属膜电阻	国产	个	5 000	ϕ4mm×7mm/50V	4.7μF 电解电容	国产	个	5 000

③ 参照以上小链接提供的方式或者自己知道的其他方式，与供货商联系，并以传真或者 E-mail 的方式进行询价。

④ 回收有效的询价合同，要求询价过程中至少要收回 3 份有效的询价合同。

⑤ 根据反馈回的询价合同，重新编写一份议价合同。

⑥ 与供应商进行议价，将最终议价结果记录下来。

2）要求：

① 按要求正确编写一份询价合同。

② 至少发出 6 份询价合同。

③ 回收的询价合同不少于 3 份。

④ 记录议价过程及结果。

3）评分依据：

① 询价合同的编写是否正确规范。

② 议价最终价格是否高于平均价或者采购清单上的历史单价。

③ 发出及回收的询价合同的数目。

④ 小组成员的协作能力。

▶ 想一想

思考如下几个问题：

1）在收回的询价合同中，如果某商家的几种产品中，只有部分产品报价较低，其他报价都偏高，该如何处理？

2）如果供货商无法开具发票，该如何处理？

任务 3 采购与付款

▶ 学习目标

1. 了解采购合同的概念和特征。

2. 熟悉签订采购合同的注意事项。

3. 了解付款的注意事项。

4. 熟悉付款的几种常见方式。

▶ 工作任务

1. 编写/填写/签订采购合同。

2. 实施采购。

3. 检查包装并清点货物。

4. 正确付款。

在议价完成之后，表示双方已经具备了交易的意向，接下来就可以开始签订采购合同了，签订采购合同之前，先来学习一下有关采购合同的一些知识。

[任务实施]

▶ 学一学

1. 编写/填写/签订采购合同

（1）采购合同的概念 采购合同是采购方与供应方经过双方谈判协商一致同意而签订

的调整"供需关系"的协议。采购合同是双方解决纠纷的依据，也是法律上双方权利和义务的证据，双方当事人都应遵守和履行采购合同。

（2）采购合同的特征

1）当事人双方订立的采购合同，是以转移财产所有权为目的。

2）采购人取得合同约定的标的物，必须支付相应的价款。

3）签订采购合同的双方互负一定义务，供货人应当保质、保量、按期交付合同订购的标的物，采购人应当按合同约定的条件接收标的物并及时支付货款。

4）买卖合同是诺成合同。除了法律有特殊规定的情况外，当事人在合同上签字盖章之后合同即成立，并不以实物的交付为合同成立的条件。

（3）签订采购合同的注意事项

1）签订销售合同时，一定要仔细阅读相关条款，对一些有歧义、不合理的条款要落实清楚。以免出现问题时，解决起来遇到麻烦。

2）要求商家或厂家在销售合同上注明产品的品牌、型号、单价、数量。

3）销售单要加盖销售单位或者市场的公章。

4）对特定条款加以注明，如退换货的办理方式、违约责任说明、送货时间等。

5）与商家或者厂家商讨并确定退补货原则。

（4）采购合同样本　采购合同样本见表1-7。

表1-7　采购合同样本

<table>
<tr><td colspan="7" align="center">产 品 购 销 合 同</td></tr>
<tr><td colspan="7">供方：　　　　　　　　　　合同编号：　　　　　　　　　　签订地点：
需方：　　　　　　　　　　　　　　　　　　　　　　　　　签订时间：　年　月　日</td></tr>
<tr><td colspan="7">一、产品 P/N 描述</td></tr>
<tr><td>序号</td><td>物料类型</td><td>详细描述</td><td>最小订单量</td><td>最大供应量/天</td><td>交货 L/T</td><td>备注</td></tr>
<tr><td>1</td><td></td><td></td><td></td><td></td><td></td><td></td></tr>
<tr><td>2</td><td></td><td></td><td></td><td></td><td></td><td></td></tr>
<tr><td>3</td><td></td><td></td><td></td><td></td><td></td><td></td></tr>
<tr><td>4</td><td></td><td></td><td></td><td></td><td></td><td></td></tr>
<tr><td colspan="7">　二、具体的产品名称、规格、单位、价格及交货时间、数量、地点以需方"采购订单"或"网上订单"（"采购订单"或"网上订单"以下统称为采购订单）为准。需方采购订单经授权人员签字并加盖需方的合同专用章才能生效。需方采购订单为本协议有效且必要的组成部分，与本协议产生同等法律效力。供方应在需方下达订单后____个工作日内确认或反馈意见，超期未确认或未反馈意见视同供方接受需方采购订单。
　三、供方须按需方采购订单约定的产品、日期、数量、地点交货。如供方不能按约定的产品、时间、数量、地点交货，需方有权根据需求情况保留或取消该采购订单，供方按照与_____股份有限公司签订的"供应商服务保证协议书"相关条款赔偿需方。需方保留对已下达采购订单的交货日期、数量进行提前和推迟的权力，供方必须全力配合。
　四、需方采购订单单价为不含税价，供方保证价格合理。如需方要求供方提供产品成本分析清单，供方应予以提供。供方所报产品价格若存在弄虚作假的情况、与合理价格严重不符或存在暴利的，一经查实将从供方货款中扣除供方不合理获利或暴利并解除合同。
　五、供方必须保证其供货的产品在需方停止下单后____年内继续可以供应，如无法保证，供方应在停止供应此种产品____个月前书面通知需方，否则供方须承担需方由此而产生的全部售后费用。
　六、本协议中产品技术标准、质量要求按双方技术协议或双方签订认可的样品为准，该内容作为本产品购销协议的附件，具有同样的法律效力。若产品质量达不到需方的技术标准及质量要求，需方拒绝收货。若因供方产品质量原因给需方造成恶劣影响或对第三方造成财产或人身损失，经相关验证证明后由供方承担全部需方损失。</td></tr>
</table>

（续）

七、供方提供的产品在生产中发现不合格品，需方将作退货处理，需方每周以邮件方式通知供方退货产品、数量，供方接到通知后____日内派人到需方指定地点办理退货手续，供方需对已办理退货手续的产品在____个月内补回。如供方没有及时办理退货手续或没有及时补料，需方将直接扣除供方等值货款而不需得到供方同意。因供方产品质量问题而给需方造成的损失，由供方按照与____股份有限公司签订的"供应商服务保证协议书"相关条款进行赔偿。

八、货款结算方式及期限：产品到达需方仓库并验收合格后以_____的方式付款。当供方与需方终止合同时，最后一笔货款需方将在供方提供的最后一批产品的保质期过后支付，保质期未进行特别说明的为一年。

九、供方须与____股份有限公司签订"供应商服务保证协议书"，该协议为本协议不可分割的一部分，具有同等法律效力，在没有签订之前不能供货和结算。

十、合同的终止。在下列情况下，需方可以终止本产品购销协议：

1. 供方违反与本产品购销行为有关的国家相关规定；

2. 供方存在需要整改的问题，经需方多次通知而不能完成整改；

3. 供方名称更改的，需重新签订购销协议和其他约定的补充协议。未重新签订的，视为产品购销协议自行终止，需方可停止进货和结算。

十一、本协议经双方签字盖章后生效。未尽事宜可通过电话、传真、电子邮件等方式约定，并经双方书面补充。

供　　方	需　　方
单位名称(章)：	单位名称(章)：
单位地址：	单位地址：
法定代表人：	法定代表人：
委托代理人：	委托代理人：
电话：	电话：
开户银行：	开户银行：
账号：	账号：
税务登记号：	税务登记号：
邮政编码：	邮政编码：

2. 付款

（1）付款的注意事项

1）确定符合付款的条件。

2）选择合适的付款方式。

3）确定付款金额。

4）按公司规定正确处理付款回执。

（2）汇款的几种常见方式

1）转账。转账的注意事项：

① 填写转入账户的账号、户名、开户行一定要准确、规范。

② 转账金额准确。

③ 转账凭证其他要素填写正确。

④ 转账凭证回单要妥善保存，如转账出现问题，需凭回单到银行查询。

2）支票。

① 支票的种类：

a. 现金支票：这种支票只要开出，持有该支票的人就可以到银行把钱取出来。该类支票上面只标有金额及日期。

b. 记名支票：此类支票，开支票人除了在支票上面写明金额及日期以外，还要在受益人（也就是取款人）上，写清楚取款人的姓名，也就是说除了取款人以外，任何人都不能取出钱来。

c. 不记名支票：不指定收款人。

d. 画线支票：其内容和任何一个现金支票或记名支票一样，其特别之处是需要在支票上面画两道从左上方到右下方的平行线，这样一来无论谁去取钱，都不能取到现金，这笔钱需从开支票人的账户上转到另一个账户上。如果万一出现交易纠纷的话，是有证据可查的。

e. 银行同意支票：开支票的人委托银行以银行的名义开出支票，这样无论多大的金额，取钱的人都会很放心，不会有空头支票的危险。

② 填写支票的注意事项：

a. 出票日期（大写）：数字必须大写，大写数字写法为零壹贰叁肆伍陆柒捌玖拾。举例：2005年8月5日的大写为贰零零伍年零捌月零伍日，捌月前零字可写也可不写，伍日前零字必写。

b. 壹月贰月前零字必写，叁月至玖月前零字可写可不写。拾月至拾贰月必须写成壹拾月、壹拾壹月、壹拾贰月（前面多写了"零"字也认可，如零壹拾月）。

c. 壹日至玖日前零字必写，拾日至拾玖日必须写成壹拾日及壹拾x日（前面多写了"零"字也认可，如零壹拾伍日，下同），贰拾日至贰拾玖日必须写成贰拾日及贰拾x日，叁拾日至叁拾壹日必须写成叁拾日及叁拾壹日。

③ 收款人：

a. 现金支票收款人可写为本单位名称，此时现金支票背面"被背书人"栏内加盖本单位的财务专用章和法人章，之后收款人可凭现金支票直接到开户银行提取现金（由于有的银行各营业点联网，所以也可到联网营业点取款，具体要看联网覆盖范围而定）。

b. 转账支票收款人应填写为对方单位名称。转账支票背面本单位不盖章。收款单位取得转账支票后在支票背面"被背书"栏内加盖收款单位财务专用章和法人章，填写好银行进账单后连同该支票交给收款单位的开户银行，委托银行收款。

④ 用途：

a. 现金支票有一定限制，一般填写"备用金""差旅费""劳务费"等。

b. 转账支票没有具体规定，可填写如"货款""代理费"等。

⑤ 盖章：支票正面盖财务专用章和法人章，缺一不可，印泥为红色，印章必须清晰，印章模糊只能将本张支票作废，换一张重新填写重新盖章。反面盖章与否详见"③收款人"。

⑥ 其他注意事项：

a. 付款行名称、出票人账号即为本单位开户银行名称及银行账号。

b. 人民币数字大写：零、壹、贰、叁、肆、伍、陆、柒、捌、玖、拾、佰、仟、万、亿。

c. 人民币小写：最高金额前一位空白格用"￥"字头打掉，数字填写要求完整清楚。

d. 支票正面不能有涂改痕迹，否则本支票作废。

e. 受票人如果发现支票填写不全，可以补齐，但不能涂改。

f. 支票的有效期为10天，日期首尾算一天，节假日顺延。

g. 支票见票即付，不记名。丢了支票尤其是现金支票可能就是票面金额数目的钱丢了，银行不承担责任，现金支票一般要素填写齐全，若支票未被冒领，可在开户银行挂失；若转账支票要素填写齐全，可在开户银行挂失，若要素填写不齐，可到票据交换中心挂失。

⑦ 支票的样本如图1-5、图1-6所示。

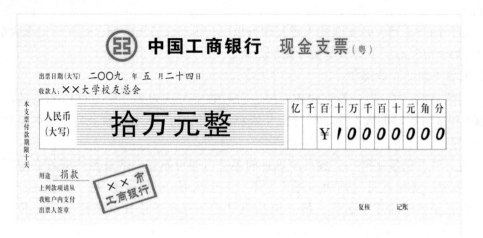

图1-5　支票样本1

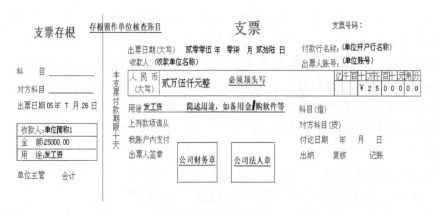

图1-6　支票样本2

3）汇款。邮政汇款的注意事项：

① 在汇款单上，请务必注明要购买的产品名称。

② 请注明联系电话和地址，以便及时联络。

③ 一定要准确填写汇款地址和邮政编码。

邮政汇款单样本如图1-7所示。

做一做

1）根据以上的学习内容，完成以下任务：

① 根据议价结果，小组确定无误后，编写/填写一份采购合同。

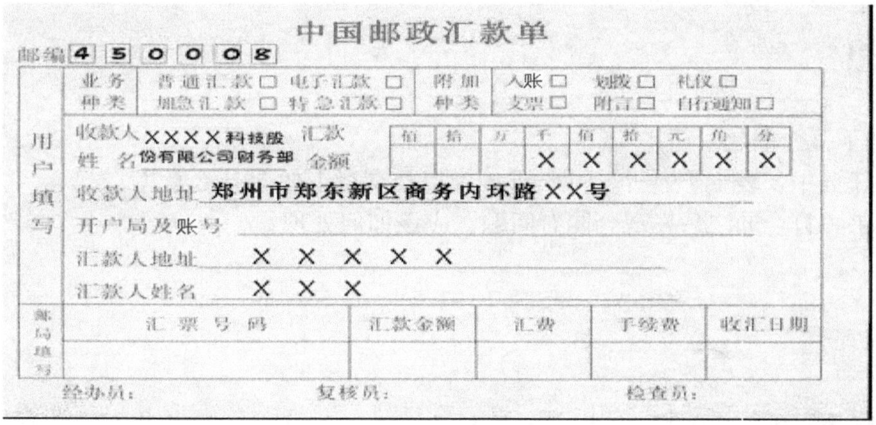

中国邮政汇款单

邮编 4 5 0 0 0 8

业务种类	普通汇款□ 电子汇款□ 加急汇款□ 特急汇款□	附加种类	入账□ 划拨□ 礼仪□ 支票□ 附言□ 自行通知□	

用户填写

收款人姓名 ××××科技股份有限公司财务部　汇款金额

佰	拾	万	千	佰	拾	元	角	分
			×	×	×	×	×	×

收款人地址 郑州市郑东新区商务内环路××号

开户局及账号

汇款人地址 × × × × ×

汇款人姓名 × × ×

邮局填写

汇票号码	汇款金额	汇费	手续费	收汇日期

经办员：　　复核员：　　检查员：

a) 邮政汇款单正面

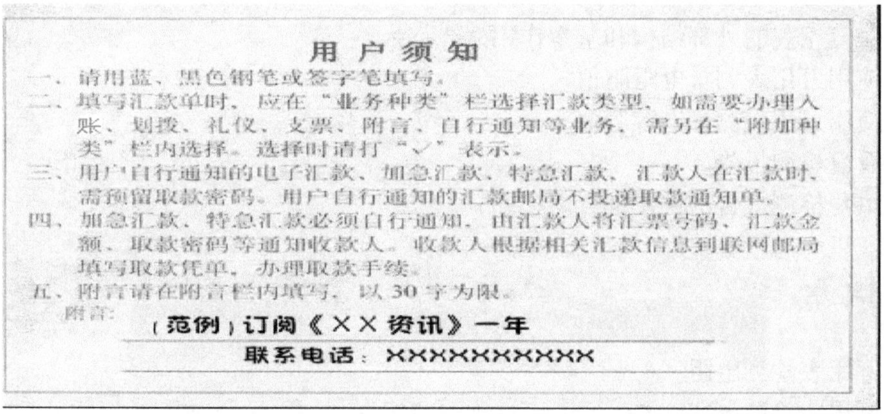

用户须知

一、请用蓝、黑色钢笔或签字笔填写。

二、填写汇款单时，应在“业务种类”栏选择汇款类型，如需要办理入账、划拨、礼仪、支票、附言、自行通知等业务，需另在“附加种类”栏内选择。选择时请打“√”表示。

三、用户自行通知的电子汇款、加急汇款、特急汇款，汇款人在汇款时，需预留取款密码。用户自行通知的汇款邮局不投递取款通知单。

四、加急汇款、特急汇款必须自行通知，由汇款人将汇票号码、汇款金额、取款密码等通知收款人。收款人根据相关汇款信息到联网邮局填写取款凭单，办理取款手续。

五、附言请在附言栏内填写，以30字为限。

附言：

（范例）订阅《××资讯》一年

联系电话：×××××××××××

b) 邮政汇款单背面

图 1-7　邮政汇款单样本

② 每两个小组交叉检验合同中存在的问题并记录。

③ 检验完毕，确定合同无误后，小组与销售商（供货商）商讨确定付款方式。

④ 模拟填写支票、汇款单各一份。

⑤ 正确收货、付款并保留凭证。

2）要求：

① 记录下议价的过程及结果。

② 采购合同编写/填写正确。

③ 支票、汇款单填写正确。

④ 正确收货、付款并保留凭证。

3）评分依据：

① 采购回来的元器件品种、数量是否正确。

② 采购价格是否高于平均价或者采购清单上的历史单价。

③ 采购合同的编写或者填写是否规范。

④ 付款、收货的操作是否正确。

⑤ 小组成员的协作能力。

想一想

思考如下几个问题:

1) 本任务中,表 1-7 中所写的产品 P/N 以及交货 L/T 是什么意思?
2) 如果签订合同之后发现合同有问题,应该如何处理?

任务 4　元件的检测

学习目标

1. 了解万用表的外部结构和基本作用。
2. 会使用万用表测量电阻阻值。
3. 会使用万用表测量电容容值。
4. 能看懂检测报告。
5. 会填写检测报告的主要部分。

工作任务

1. 用万用表检测电阻。
2. 用万用表检测电容。
3. 填写检测报告的主要部分。

[任务实施]

学一学

1. 万用表的结构图

万用表结构图如图 1-8 所示。

2. 电阻的检测方法

电阻的检测步骤如下:

(1) 读出碳膜电阻和金属膜电阻的阻值(标称阻值)　色环电阻的阻值一般可以根据电阻上的色环直接读出。通常用不同颜色的涂料在电阻上画出一环环的标记,不同颜色的环代表不同的数值和权重,然后将各种色环组合起来,用来确定电阻的阻值。金属膜电阻和碳膜电阻即为色环电阻,其外形如图 1-9 所示。

电阻上的颜色有这么多种,究竟它们代表多大的数值呢?可以从色环电阻阻值对照表中查出每个色环所代表的数值及权重,见表 1-8。

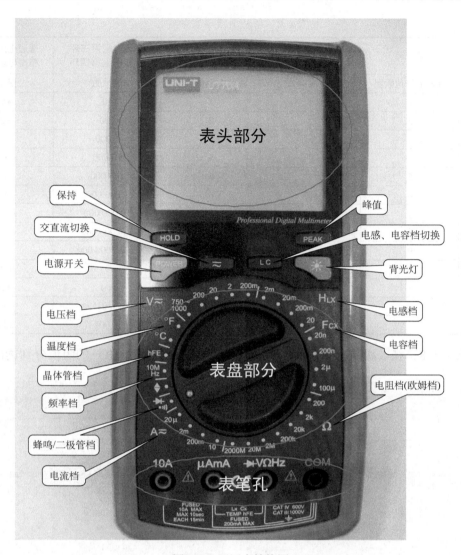

图 1-8　万用表结构图

a) 金属膜电阻

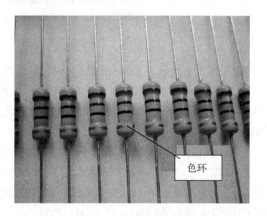

b) 碳膜电阻

图 1-9　金属膜电阻和碳膜电阻的外形

表 1-8　色环电阻阻值对照表

颜色	第一环	第二环	精密电阻第三环	普通电阻第三环 精密电阻第四环	普通电阻第四环 精密电阻第五环
	有效电阻值数字	有效电阻值数字	有效电阻值数字	倍乘数	误差率
棕	1	1	1	10	±2%
红	2	2	2	100	±3%
橙	3	3	3	1 000	±4%
黄	4	4	4	10 000	—
绿	5	5	5	100 000	±0.5%
蓝	6	6	6	1 000 000	±0.2%
紫	7	7	7	10 000 000	±0.1%
灰	8	8	8	100 000 000	—
白	9	9	9	1 000 000 000	—
黑	0	0	0	1	±1%
金	—	—	—	0.1	±5%
银	—	—	—	0.01	±10%
无色	—	—	—	0.001	±20%

根据表 1-8，将采购回来的碳膜电阻和金属膜电阻（见图 1-10）的阻值分别读出。

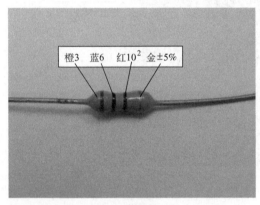

a) 3.6kΩ碳膜电阻

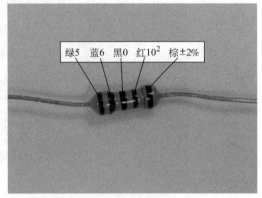

b) 56kΩ金属膜电阻

图 1-10　碳膜电阻和金属膜电阻的色环

如图 1-10a 所示，首先根据色环电阻的颜色，对照表 1-8 读出该电阻的阻值。"橙、蓝、红、金"为四环，对应的数字可根据表 1-8 查出，分别为"3、6、10^2、±5%"，则可读出该电阻的阻值为 $36 \times 10^2 \Omega = 3\ 600\Omega$，允许误差为 $\pm 180\Omega(3\ 600\Omega \times \pm 5\% = \pm 180\Omega)$，说明该电阻阻值应该在 $3\ 420 \sim 3\ 780\Omega$ 之间。

如图 1-10b 所示，首先根据色环电阻的颜色，对照表 1-8 读出该电阻的阻值。"绿、蓝、黑、红、棕"为五环，属于精密电阻。其对应的数字为"5、6、0、10^2、±2%"，则可读出该电阻的阻值为 $560 \times 10^2 \Omega = 56\ 000\Omega$，允许误差为 $\pm 1\ 120\Omega(56\ 000\Omega \times \pm 2\% = \pm 1\ 120\Omega)$，说明该电阻阻值应该在 $54\ 880 \sim 57\ 120\Omega$ 之间。

（2）测量采购回来的碳膜电阻和金属膜电阻的实际阻值（测量值）　根据色环读出来的数值是电阻的理论数值也就是标称阻值（它是一个理想值），但是实际在生产过程中肯定会有一定的偏差，所以实际测量出来的值不一定和读出来的标称阻值大小完全相同。

碳膜电阻和金属膜电阻的测量方法如图1-11所示。

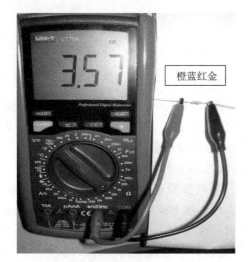

a) 3.6kΩ碳膜电阻的测量   b) 56kΩ金属膜电阻的测量

图1-11　碳膜电阻和金属膜电阻的测量方法

（3）测量注意事项

1）测量电阻的时候，尽量不要用手触碰电阻的引脚或者万用表的表笔，特别是测量较大阻值电阻的时候尤其要注意。因为人体本身可以视为有一定的阻值，该阻值会对电阻的测量造成影响。

2）万用表的量程要选择适当，在不超出量程的前提下，尽量用量程小的档位。因为量程太大会导致测量的准确度降低。

（4）判别产品的质量

1）如图1-11a所示，测出该电阻实际阻值为3.57kΩ。测量值3.57kΩ在标称阻值的允许范围3 420 ~ 3 780Ω之间，故该电阻合格。

2）如图1-11b所示，测出该电阻实际阻值为56.0kΩ。测量值56.0kΩ在标称阻值的允许范围54 880 ~ 57 120Ω之间，故该电阻合格。

相关知识

（1）标称阻值　标称阻值是电阻上面所标示的阻值。电阻的标称阻值是厂家在生产的过程中标注在电阻上的，严格地来说是一种"期望值"。

（2）测量值　测量值是通过多次检测得出的平均阻值，它代表电阻的实际阻值。

（3）允许误差　标称阻值与实际阻值的差值跟标称阻值之比的百分数称阻值偏差，它表示电阻的准确度。

实际测量的时候，厂家标注的"标称阻值"和测量出来的"测量值"其实有一定的差距，这时候，也常用"准确度"来描述电阻值的误差大小：

$$准确度 = （测量值 - 标称值） \div 标称值 \times 100\%$$

合格的 E6 系列电阻的误差范围（准确度）为 ±20%；E12 系列电阻的误差范围（准确度）为 ±10%；E24 系列电阻的误差范围（准确度）为 ±5%；E96 系列电阻的误差范围（准确度）为 ±1%。

我国电阻阻值误差分档如下：

误差等级	Ⅰ（E24）	Ⅱ（E12）	Ⅲ（E6）	精密电阻
允许误差	±5%	±10%	±20%	±0.5% ±1% ±2% ±3%

例如：某批次的电阻是 E12 系列的，如果检测结果恰好在 E12 系列 ±10% 的误差允许范围内，则该批次的电阻质量合格。如果该批次电阻是 E24 系列的，但检测结果误差超出 E24 规定的 ±5% 的范围，则该批次的电阻应该判定为质量不合格。

（4）标称阻值基数　在电阻上标注的电阻数值被称为标称阻值，为了规范生产，便于设计，生产厂家并不是全线生产所有阻值的电阻，而是按照某一标准生产。电阻的阻值按其准确度分为 E6、E12、E24、E96 四大系列。其中以 E12 和 E24 系列最为常见，详情见表 1-9。在该四种系列之外的电阻称为非标称电阻，除非向厂家定制，否则在市场上几乎无法采购。

在 E6、E12、E24、E96 系列中，电阻的阻值基数分别被设定为 6 种、12 种、24 种、96 种，该系列电阻的阻值可以取该基数乘以 10 的 n 次方（$n = -2 \sim 9$）。例：E6 系列中有 "4.7" 数值，则表示厂家会生产 0.047Ω、0.47Ω、4.7Ω、47Ω、470Ω、4.7kΩ、47kΩ、470kΩ、4.7MΩ、47MΩ、470MΩ、4 700MΩ 的电阻。

表 1-9　E6、E12、E24、E96 系列电阻阻值基数表（灰色部分表示常用系列）

E6 系列	1.0	—	1.5	—	2.2	—	3.3	—	4.7	—	6.8	—
E12 系列	1.0	1.2	1.5	1.8	2.2	2.7	3.3	3.9	4.7	5.6	6.8	8.2
E24 系列	1.0	1.1	1.2	1.3	1.5	1.6	1.8	2.0	2.2	2.4	2.7	3.0
	3.3	3.6	3.9	4.3	4.7	5.1	5.6	6.2	6.8	7.5	8.2	9.6
E96 系列	1.00	1.02	1.05	1.07	1.10	1.13	1.15	1.18	1.21	1.24	1.27	1.30
	1.33	1.37	1.40	1.43	1.47	1.50	1.54	1.58	1.62	1.65	1.69	1.74
	1.78	1.82	1.87	1.91	1.96	2.00	2.05	2.10	2.15	2.21	2.26	2.32
	2.37	2.43	2.49	2.55	2.61	2.67	2.74	2.80	2.87	2.94	3.01	3.09
	3.16	3.24	3.32	3.40	3.48	3.57	3.65	3.74	3.83	3.92	4.02	4.12
	4.22	4.32	4.42	4.53	4.64	4.75	4.87	4.99	5.11	5.23	5.36	5.49
	5.62	5.76	5.90	6.04	6.19	6.34	6.49	6.65	6.81	6.98	7.15	7.32
	7.50	7.68	7.87	8.06	8.25	8.45	8.66	8.87	9.09	9.31	9.53	9.76

做一做

根据以上的学习内容，在采购的电阻中随机挑选 10 个电阻来检测，将检测内容和结果填入表 1-10 中。

表 1-10　常用电阻的检测实验

类型	碳膜电阻(标称值：　　)		金属膜电阻(标称值：　　)	
序号	测量值	准确度	测量值	准确度
1				
2				
3				
4				
5				
6				
7				
8				
9				
10				

想一想

学习完上述内容，思考如下几个问题：

1）碳膜电阻的准确度和金属膜电阻的准确度有什么区别？

2）为什么电阻阻值基数表中的 E24 系列电阻的有效数字是两位，而 E96 系列电阻的有效数字是三位？

3）E12 系列电阻的阻值误差为什么是 ±10%，而不能是 ±20%？

4）如果采购的元件数量非常多，在检测时是否对所有元件进行检测？

3. 电容的检测方法

电容的检测步骤如下：

（1）读出瓷片电容和电解电容的容值（标称值）　如图 1-12a 所示，首先根据瓷片电容上的数字 "683" 读出电容的容值（容量）为 $68 \times 10^3 pF$，即 68nF。**注意**：如果电容上没有单位，先读出读数，如果读数大于 "1"，则单位默认为皮法；如果读数小于 "1"，则单位默认为微法。

如图 1-12b 所示，直接从电解电容上读出电容的容值为 4.7μF。

（2）测量采购回来的瓷片电容和电解电容的电容实际值（测量值）　瓷片电容和电解电容的测量方法如图 1-13 所示。

（3）判别产品质量　如图 1-13a 所示，根据测量值和标称值算出该电容的实际误差为 $(72.9 - 68) \div 68 \times 100\% = 7.2\%$，根据附录 D（采用文字符号法标注的电容上字母代表的允许误差对照表）可知，无误差标注的一般视其误差范围为 ±20%，故该瓷片电容合格。

如图 1-13b 所示，根据测量值和标称值算出该电容的实际误差为 $(5.3 - 4.7) \div 4.7 \times 100\% = 12.7\%$，电解电容的误差范围为 ±20%，故该电解电容合格。

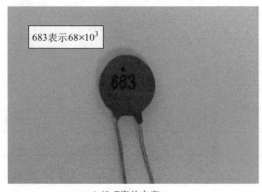

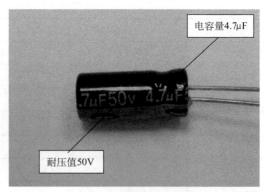

a) 68nF瓷片电容

b) 4.7μF铝电解电容

图 1-12 电容的读数示意图

a) 68nF瓷片电容的测量

b) 4.7μF电解电容的测量

图 1-13 瓷片电容和电解电容的测量方法

（4）测量注意事项

1）在测量电容的时候，因为万用表表笔本身带电，所以电容容值的读数会有一定变动，要等到变动停止或者十分缓慢的时候才能进行读数。

2）在测量较大容量电容的时候，应将其两个引脚先行短路，释放掉电容上的残余电荷，再进行测量。放电的时候要注意安全，避免被电击。

▌相关知识

（1）允许误差 电容的标称容量与实际容量之差再除以标称容量，所得到的值的百分比就是允许误差。电容的允许误差一般分为 8 个等级，见表 1-11。

表 1-11 允许误差等级

允许误差	±1%	±2%	±5%	±10%	±20%	+20% ~ -30%	+50% ~ -20%	+100% ~ -10%
级别	01	02	I	II	III	IV	V	VI

（2）耐压值（Voltage Rating）　固定电容的耐压值一般有：6.3V、10V、16V、25V、32V、35V、40V、50V、63V、100V、125V、160V、250V、300V、400V、450V、500V、630V、1000V 等，耐压值通常在电容的表面以数字的形式标注出来。

> **注意**：电容的耐压等级对电路成本影响很大，耐压值提高时，电容的价格增加幅度很大，而容量提高时，电容的价格增加幅度很小，所以，在选用电容的时候，要尽量贴合电路的原本设计，不要人为提高耐压值。

做一做

根据以上的学习内容，在采购的电容中随机挑选 10 个电容来检测，将检测内容和结果填入表 1-12。

表 1-12　常用电容的检测实验用表

类　　型	瓷片电容(标称值：　　)		电解电容(标称值：　　)	
序号	测量值	准确度	测量值	准确度
1				
2				
3				
4				
5				
6				
7				
8				
9				
10				

想一想

学习完上述内容后，思考如下几个问题：

1）如果说电阻的作用是阻碍电荷流动，那么电容在电路中的作用是什么？

2）电容损坏有哪几种情况？

3）哪种电容的准确度最高？

4. 填写检测报告

实际上，在对采购回来的元件样本按照"读出→测量→判别"三个步骤检测完成之后，一般需要依据检测的结果填写检测报告。表 1-13 是某电子工厂的 IQC 质量检测报告表，请根据前面的测量及判别结果填写该单据，完成检测。

表 1-13 IQC 质量检测报告表

□ 进料检测

供应商/客户：		进料日期：		年 月 日 时

订单编号：	物品名称：	物品编号：
送货单号：	送货箱数：	进料数量：

适用产品：

检测员：		检测日期 & 时间：		年 月 日 时 分

对料情况：

抽验计划： MIL-STD-105E Ⅱ级 CR = MA = MI = 样品数：/

不良级别	致命(CR)	严重(MA)	轻微(MI)	检测仪器：
允收数				
拒收数				
实际数				

检测项目	检测结果	致命	严重	轻微
包装				
外观				
规格				
材质				
电气性能				
其他项目				

本批判定：	□合格 □不合格 □见备注	合 计	

备注：

IQC 组长复核：	审核：

不合格批的评审及最终决定：

1.□拒收：在 年 月 日 前补回。 数量：	评审人员签名
2. 特采 □①直接使用	品管：
□②挑选,不良品加工使用	PMC：
□③挑选,不良品退回供方	生产：
※挑选及加工费用由供货方负责,损耗工时共 小时,每小时 元	厂长：
3. 其他：	其他：

注：第一联品管部（白）；第二联 PMC 部（红）；第三联货仓部（蓝）；第四联生产部（黄）。表单编号×× - ×× - ×××

▥ 相关知识

CR——严重缺点（Critical）：有危害使用者或携带者的生命或财产安全的缺点。

MA——主要缺点（Major）：丧失产品主要功能，不能达成使用目的的缺点。

MI——次要缺点（Minor）：某一实体只存在外观上的缺陷，实际上不影响产品使用目的的缺点。

▥ 做一做

将完成任务3后采购回来的元件按总量1%的比例抽样，将检测出来的结果，填入表1-13中，画圈部分为必须填写部分。

▥ 想一想

哪些缺点属于元件的严重缺点？哪些又是主要缺点和次要缺点？

▥ 补充知识：检测电感和变压器

1. 电感的检测

（1）检测方法　电感属于非标准件，部分电感上无任何标注，所以检测的方法一般遵循以下几步：

1）看外观：看线圈有无松动、引脚有无歪折现象、焊盘有无锈蚀。

2）测阻值：如果测得线圈两端阻值接近无穷大，则证明电感断路损坏；若比正常值小，则线圈局部短路；若阻值为零，则全部短路。

3）测电感量：高频电感的电感量较小，难以测量，需要专用仪器测量。带电感档的万用表只能检测电感量较大的电感。如果测得的电感量与标称值接近，说明电感正常；如果相差较大，说明电感损坏。

（2）测量步骤　下面举例说明测量电感的步骤。工字电感的测量方法如图1-14所示。

第一步：先测得该工字电感的阻值为170Ω，阻值较大（见图1-14a）。

第二步：测得该工字电感的电感量为15.67mH（见图1-14b）。

第三步：根据该电感阻值并非无穷大，可知电感内部线圈并无断线；数次测量该电感，电感量均稳定，说明该电感是好的，电感阻值之所以很大是因为该电感内部线圈极细导致。

普通电感线圈的测量也用一个例子来说明，如图1-15所示。

第一步：先测得该电感线圈的阻值为0Ω，阻值偏小（见图1-15a）。

第二步：测得该电感线圈的电感量为2.79mH（见图1-15b）。

第三步：该电感阻值偏小源于该线圈的绕线较粗，电感内部线圈也并无断线；测得该电感量正常，所以判断该电感是好的。

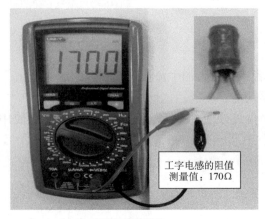

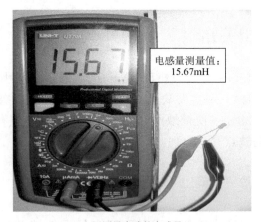

a) 测量电感的阻值　　　　　　　　　　　　b) 测量电感的电感量

图1-14　工字电感的测量方法

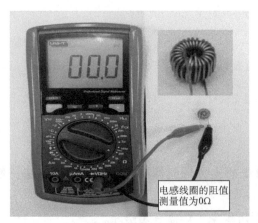

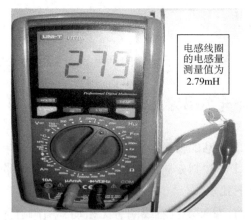

a) 测量电感线圈的阻值　　　　　　　　　　b) 测量电感线圈的电感量

图1-15　普通电感线圈的测量方法

（3）测量注意事项

1）电感属于非标准件，不像电阻一样容易测量。大多数电感上面并无任何参数标志，所以大多需要依靠原理图上的标注来识别。

2）实际上电感的阻值要根据电感线圈绕线的粗细来具体判断，不同的电感，其阻值相差很大。

3）电感 Q 值的测量需要使用专门的电感检测仪器，用万用表无法直接测出。

◤ 相关知识

（1）电感量　电感量表示电感线圈工作能力的大小，取决于电感线圈导线的粗细、绕制的形状与大小、线圈的匝数及中间放置的导磁材料的种类、大小和位置等诸多因素。通常把电感量用 L 来表示，其单位是亨利（H）。常用单位换算关系如下：

$$1H（亨利）=1\,000mH（毫亨）=1\,000\,000\mu H（微亨）$$

（2）允许误差　通常振荡用电感线圈对准确度要求较高，允许误差为 0.2% ~ 0.5%，耦合及阻流电感线圈对准确度要求稍低，一般在 10% ~ 15% 之间。

（3）品质因数 Q　品质因数也称 Q 值，是指电感的感抗（电感对电流阻碍作用的大小）与其等效直流电阻的阻值的比值。Q 值越高说明电感的电阻性越小、电感性越纯，更接近于理想电感，质量越好。电感的等效直流电阻被称为损耗电阻。

2. 变压器的检测

变压器（Transformer）是用来变换电路中的电压、电流或阻抗的器件，通常包括两组以上的绕组，彼此以电感的方式组合到一起，通过电感的互感原理进行工作。电视机和 DVD 中的变压器如图 1-16 所示。

按其工作频率不同可以分为低频变压器、中频变压器和高频变压器。例如：普通电源变压器属于低频变压器，其作用就是将 220V、50Hz 的交流电升高或降低；"中周"就是一种中频变压器，广泛应用于超外差式收音机和电视机中，中频变压器的使用频率范围从几千赫兹到几十兆赫兹；电器中常用到的开关电源，其工作频率通常在几十千赫兹，因此开关电源中的变压器属于高频变压器。

a) 电视机中的变压器　　　　　　　　　　　b) DVD中的变压器

图 1-16　电视机和 DVD 中的变压器

（1）变压器的相关参数

1）匝数比。变压器的输入级称为一次绕组，变压器的输出级称为二次绕组。假设一次绕组的匝数（圈数）为 N_1，二次绕组的匝数（圈数）为 N_2，当一次绕组上通过一交流电流时，在二次绕组上就会产生感应电动势。一次、二次绕组上的电压跟一次、二次绕组的匝数的关系可用下列公式表示：

$$\frac{N_1}{N_2} = \frac{U_1}{U_2} = K$$

式中，U_1 为一次绕组上所加电压值；U_2 为二次绕组上的感应电压值；K 为匝数比。由上述公式可知：当 $N_1 > N_2$ 时，变压器为降压变压器；当 $N_1 < N_2$ 时，变压器为升压变压器。

2）效率。额定功率时，变压器的输出功率 P_2 和输入功率 P_1 的比值称为变压器的效率，用 η 表示，公式为

$$\eta = \frac{P_2}{P_1} \times 100\%$$

当输出功率 P_2 等于输入功率 P_1 时，η 的值为 100%，此时变压器不产生任何损耗。但

实际上这是理想状态，变压器在传输电能的时候总要产生一些损耗，如热损耗等。变压器的效率与功率等级相关：功率高的变压器一般损耗小、效率高；功率低的变压器一般损耗大、效率低。

（2）变压器的检测方法

1）变压器绝缘性能的检测：一次/二次侧之间、铁心与各二次侧之间、屏蔽层与一次/二次侧之间的阻值应该为大于100MΩ或者无穷大，否则说明变压器绝缘性能不良。

2）线圈通断检测：一次侧或者二次侧的各自绕组的两个端子之间的电阻值应该接近于零，如果测得无穷大，则说明变压器内部有绕组断路；如果变压器发热严重，二次绕组输出端电压不正常，特别是电源变压器空载时很快发热，则几乎可以断定有短路现象存在，即变压器的同级线圈自身绕组短路（相当于线圈减少了匝数）。

3）一次、二次绕组判别：变压器一般为降压变压器，所以一次绕组匝数多，加上一次绕组的漆包线一般比二次绕组的漆包线细，所以一次绕组相对阻值较大。

4）同名端的判别：将变压器的某个绕组两端接上1.5V干电池，另外待测的绕组两端接毫安表。如果接通瞬间，毫安表正偏，说明毫安表正极所接的一端与干电池正极所接的一端为同名端；如果毫安表反偏，说明这两端为异名端。

扩展知识：其他元件介绍

除了前面介绍的元件，电路中其实还有很多非常重要的、不可替代的特殊功能元件，包括特殊电阻、特殊电容等，下面简单介绍一下。

一、电阻

电阻按其在使用过程中阻值的变化情况来看，大致可以分为三大类：固定电阻、敏感电阻和可调电阻。下面分别介绍这三大类电阻。

1. 固定电阻

固定电阻是指在电路工作过程中，阻值相对稳定或者几乎不变的电阻，一般常见的有以下几种：

（1）碳膜电阻（Carbon-Film Fixed Resistor）　它是薄膜电阻的一种，是在真空炉中将有机化合物热分解，然后将分解产生的碳沉积在陶瓷芯体表面，形成一层导电薄膜，再在两端压装引线帽，最后在表面加上树脂涂层制成。其外形见图1-10a。

碳膜电阻的阻值范围宽，稳定性高，受外界温度、电压、频率影响较小，价格便宜，是我国目前产量最大、用途最广泛的一种电阻。

（2）金属膜电阻（Metal-Film Fixed Resistor）　它也是薄膜电阻的一种，采用合金真空电镀技术，将合金材料镀于陶瓷芯体表面，经过切割调试达到阻值准确度要求。其外形如图1-17所示。

金属膜电阻功率高、噪声小、阻值范围宽、准确度高，主要应用于高档电器、精密仪器仪表、自动控制设备中，价格较贵。

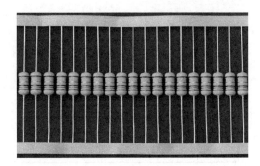

图 1-17 金属膜电阻外形

（3）线绕电阻 它是将电阻线绕在耐热瓷芯上，表面涂上耐热、耐湿、无腐蚀的不燃性涂料制成。其外形如图 1-18 所示。

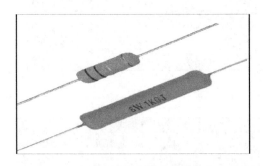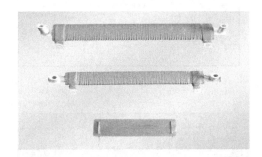

图 1-18 线绕电阻外形

线绕电阻耐热性能好、噪声和温度系数小、耐短时间过载、阻值稳定、电感量低，主要应用于精密仪器仪表及大功率负载设备中。

（4）玻璃釉膜电阻 它也是薄膜电阻的一种，是将金属氧化物和玻璃釉电阻浆混合后涂在陶瓷芯体上，经高温烧结而成。其外形如图 1-19 所示。

玻璃釉膜电阻具有极高的耐冲击性和高温稳定性、耐潮湿、一致性好、温度系数小、负荷稳定性好、噪声小、阻值范围大，但价格偏贵。

（5）水泥电阻 它是线绕电阻的一种，将电阻线绕于无碱性的耐热陶瓷芯体上，外加耐热、耐湿及耐腐蚀的材料填充固定，再放入方形陶瓷框内，用水泥填充制成。其外形如图 1-20所示。

水泥电阻具有高功率、散热性能好、耐湿、抗震等优点，主要用于大功率电路，如过电流保护、功率放大等电路。

2. 敏感电阻

敏感电阻是指对某些非电量参数感应灵敏，其电阻值可以随其检测到的非电量的变化而变化的一种电阻，通常被制作成传感器。敏感电阻应用广泛，常见的有以下几种：

（1）热敏电阻 它是一种对温度变化敏感、阻值会随着温度的变化而相应变化的电阻，

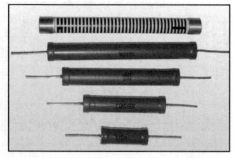
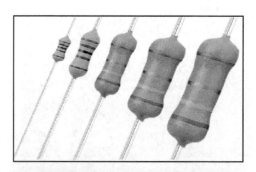
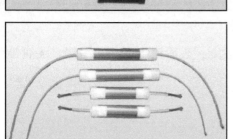

图 1-19　玻璃釉膜电阻外形

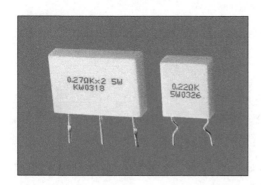

图 1-20　水泥电阻外形

一般由对温度敏感的半导体材料制成，其外形如图 1-21 所示。热敏电阻按其温变特性可分为：正温度系数和负温度系数两种。

1）正温度系数（Positive Temperature Coefficient，PTC）热敏电阻　在温度超过一定数

图 1-21　热敏电阻外形

值时，阻值会随着温度的升高呈跳跃式的升高。按材料来分，可以分为陶瓷和高分子两种，通常所说的热敏电阻是指陶瓷 PTC 热敏电阻。

2）负温度系数（Negative Temperature Coefficient，NTC）热敏电阻　在温度超过一定数值时，阻值会随着温度的升高而降低。负温度系数热敏电阻的阻值变化图如图 1-22 所示。

热敏电阻被广泛应用于各种温控类传感器电路中，例如温度测量、温度控制、温度补偿、火灾报警等。其中，NTC 热敏电阻在电路中通常用在限流电路（抑止浪涌电流）、温度检测/控制电路中，PTC 热敏电阻一般用于过电流/过热保护、启动保护、消磁电路中。

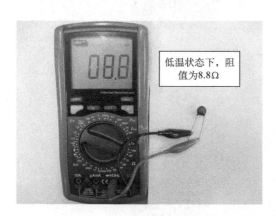
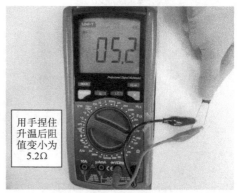

低温状态下，阻值为8.8Ω

用手捏住升温后阻值变小为5.2Ω

图 1-22　负温度系数热敏电阻的阻值变化图

（2）光敏电阻（Light Dependent Resistor，LDR）　它是一种对光反应敏感的电阻，其阻值会随外界光照强弱的改变而改变，是根据半导体的光电效应原理制成的一种敏感电阻。其外形如图 1-23 所示，光敏电阻的阻值变化图如图 1-24 所示。

光敏电阻的主要特点是灵敏度高、体积小、重量轻、电性能稳定，可以同时适用于直流和交流两种电路，其工艺简单、价格便宜，已经被广泛地应用在各种光电控制、光感应、光测量电路中。

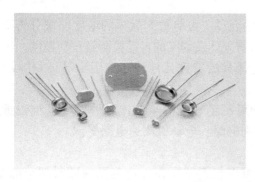
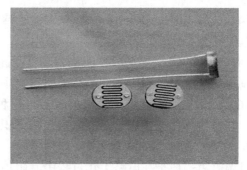

图 1-23　光敏电阻外形

（3）压敏电阻（Varistor）　它是利用半导体材料的非线性特性制成的一种特种电阻。当压敏电阻两端的电压到达某临界值时，压敏电阻的阻值就会急剧变小。外观如图 1-25 所示。

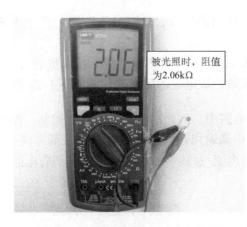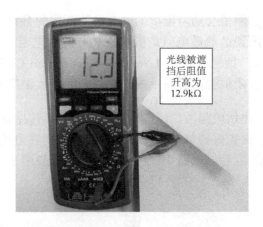

被光照时，阻值为2.06kΩ

光线被遮挡后阻值升高为12.9kΩ

图1-24　光敏电阻的阻值变化图

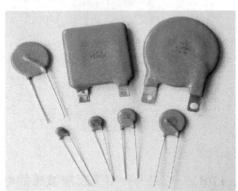

图1-25　压敏电阻的外形

压敏电阻的主要特点是：当电阻两端所加电压在标称额定值（压敏电压）以内时，电阻的阻值几乎为无穷大，为高阻状态，漏电电流小；当电阻两端所加电压超过标称额定值（压敏电压）时，电阻阻值急剧降低，立即处于导通状态。压敏电阻通常在过电压保护电路、防雷击电路中使用。

（4）气敏电阻　它是一种对特殊气体敏感的元件，可将被测气体的浓度和成分转变成对应的电信号，广泛地应用于对各种可燃气体、有害气体及烟雾的自动检测及自动控制。

（5）力敏电阻　它是一种能将力转变为电信号的特殊元件，是利用半导体材料的压阻效应制成的，主要应用于各种压力传感器当中。

（6）磁敏电阻　它也称磁控电阻，是一种对磁场敏感的半导体元件，可以将磁感应变成相应的电信号，通常用于开关电路、磁卡识别电路、电动机测速电路等。

3. 可调电阻

可调电阻一般指在电路工作过程中，阻值可以根据需要在一定范围内随时调节的电阻，通常也称为电位器。

电位器对外通常有三个端：一个是滑动端，另外两个是固定端。滑动端可以在两个固定端之间来回滑动，使其与固定端之间的阻值产生变化，达到调节电路中的阻值或者电位的目的。其外形如图 1-26 所示。

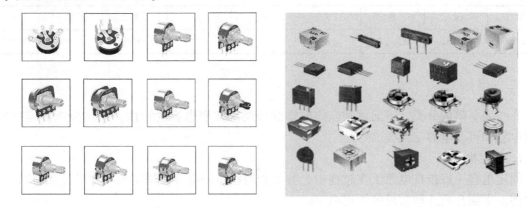

图 1-26　电位器的外形

电位器一般用于有电压、电流连续调节需要的控制电路、开关电路等。

以上介绍了很多种类的电阻，如果没有一个规范的命名，那么它们会很容易被混淆，不同类型的固定电阻的命名一般由型号、额定功率、标称阻值、允许误差四个部分组成，如图 1-27 所示。

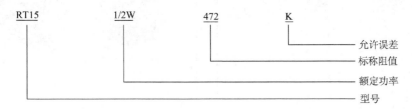

图 1-27　电阻的命名

其中，有引脚的固定电阻的型号按照表 1-14 规定，其允许误差按照表 1-15 规定。

表 1-14　有引脚的固定电阻型号命名组成部分的含义表

第一部分:主称		第二部分:电阻体材料		第三部分:类别或额定功率				第四部分:序号
字母	含义	字母	含义	数字或字母	类别	数字	额定功率/W	
R	电阻	C	沉积膜或高频瓷	1	普通	0.125	1/8	用个位数或无数字表示
				2	普通或阻燃			
		F	复合膜	3 或 C	超高频	0.25	1/4	
		H	合成碳膜	4	高阻			
		I	玻璃釉膜	5	高温	0.5	1/2	
		J	金属膜	7 或 J	精密			
		N	无机实心	8	高压	1	1	
		S	有机实心	11	特殊(如熔断型等)			
		T	碳膜	G	高功率	2	2	
		U	硅碳膜	L	测量			
		X	线绕	T	可调	3	3	
		Y	氧化膜	X	小型			
				C	防潮	5	5	
		O	玻璃膜	Y	被釉			
				B	不燃性	10	10	

表 1-15 有引脚的固定电阻允许误差部分对应表

B	C	D	F	G	J	K	M	N
±0.1%	±0.25%	±0.5%	±1%	±2%	±5%	±10%	±20%	±30%

二、电容

介绍完电阻的分类，下面再来介绍电容的分类。按照电容的特性，初步分为固定电容、电解电容和可变电容三大类。

1. 固定电容

固定电容一般指在电路工作过程中，容值相对稳定的电容，固定电容中的介质材料一般为固体。下面介绍几种常见的固定电容。

（1）瓷介电容（Ceramic Capacitors） 它也称陶瓷电容，用陶瓷材料做介质，在陶瓷表面涂覆一层金属，再经过高温烧结而成。由于这种电容通常做成片状，也被称为瓷介电容。其外形如图 1-28 所示。

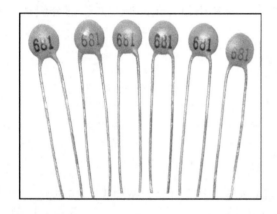

图 1-28 瓷介电容外形

瓷介电容体积小、耐压值高（可高达 12kV 甚至更高）、电容值一般介于 1pF ~ 22μF 之间、价格便宜、易碎，是目前最常见的、被广泛应用的一种电容。

（2）云母电容（Mica Capacitors） 它是用金属箔或者在云母上喷涂的银层作为电极板，将电极板和云母一层层叠合起来制成的一种电容。云母是具有天然的最高介电常数的电介质，但其脆，不能曲卷，要增加容量的时候只能增多叠层数目，故其外形多为方块状。其外形如图 1-29 所示。

云母电容绝缘电阻大、电介质损耗小、频率和温度特性好、容量准确度高。

（3）独石电容 它是多层陶瓷电容的别称，是用钛酸钡为主的陶瓷材料烧结制成的多层叠片状超小型电容，广泛应用于各种电子产品中做谐振、旁路、耦合、滤波用，有低频、高频等系列产品。其外观如图 1-30 所示。

图1-29 云母电容外形

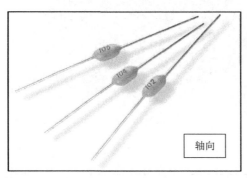 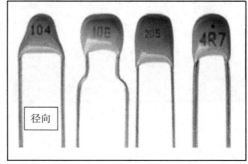

图1-30 独石电容外形

独石电容性能稳定可靠、耐高温、耐潮湿、漏电电流小，容量一般比瓷介电容大，可部分取代云母电容、纸介电容甚至是钽电容，广泛用于小型或超小型设备中，缺点是工作电压低。

（4）薄膜电容 一种方法是以金属箔当电极板，和各种塑料薄膜材料重叠后卷在一起制成的。另一种方法是在塑料薄膜上真空蒸镀上一层很薄的金属做电极板，这种方法制成的电容称为金属化薄膜电容。其中包括：金属化聚丙烯膜电容（Metallised Polypropylene Film Capacitors）简称MKP电容，也被经常称为"CBB"电容；金属化聚乙酯电容（Metallised Polyester Capacitors）简称MKT电容。薄膜电容外形如图1-31所示。

MKT电容具有良好的自愈性、体积小、容量大、耐压高、可靠性好，适用于电子仪器、普通电源、点火器、节能灯、充电器等各种直流脉动电路。CBB电容也具有良好的自愈性、体积小、耐压高、容量大、高频特性好，适用于电子点火器、镇流器、开关电源等交、直流脉动电路，并可以代替大部分云母电容，用于要求较高的电路中。

（5）涤纶电容 它也称为金属化聚酯膜（MEF）电容，属于薄膜电容，是最常见的电容之一。它也被称为有感电容、麦拉电容、塑料电容。因其采用聚酯膜包装，故稳定性好、损耗小、使用寿命长、可靠性高。涤纶电容的容量通常为40pF ~ 4μF，额定电压为63 ~ 1000V。其外形如图1-32所示。

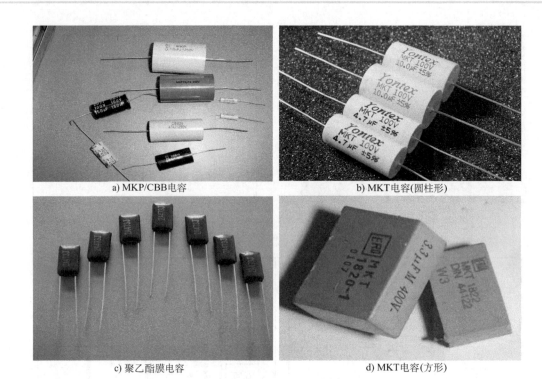

a) MKP/CBB电容

b) MKT电容(圆柱形)

c) 聚乙酯膜电容

d) MKT电容(方形)

图 1-31　薄膜电容外形

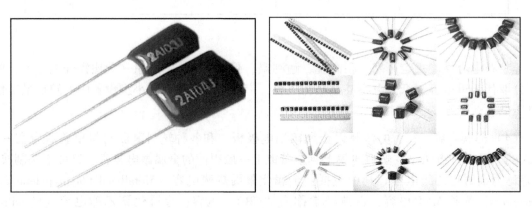

图 1-32　涤纶电容外形

2. 电解电容

电解电容是最常见的电容之一，它以附着在金属极板上的氧化膜作为介质，阳极为金属极片，阴极填充电解质（可以是液体，也可以是固体），电解质有修复氧化膜的作用，氧化膜用来单向导电，所以电解电容有极性。如果极性接反，电解电容内部电流会过大导致电容被击穿，或内部气体升温膨胀导致电容外壳爆裂。常见的电解电容包括铝电解电容（见图 1-33a）和钽电解电容（见图 1-33b）。

电解电容的优点是容量大，如击穿时间较短，可自动修复氧化膜；缺点是误差大、有极性区别不能反接、稳定性差、绝缘性差、耐压值低、寿命短、易变质。它一般用于整流、滤波、去耦合及旁路电路中。

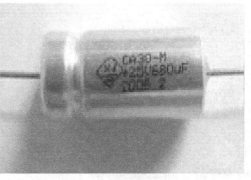

a) 铝电解电容   b) 钽电解电容

图1-33 常见的电解电容外形

（1）铝电解电容 它是以金属铝为正极材料，故得名。铝电解电容的容量一般为0.47~10000μF，额定电压一般为6.3~450V，是最常见的电容。它的体积一般较大，特点是容量大、价格低、准确度不高，随着时间的增长，内部电解液会逐渐消耗而导致电容失效。

> 铝电解电容一般有正、负极之分：一般而言，较长的引脚为正极，较短的引脚为负极；负极在外壳上通常有标注。

（2）钽电解电容 它是以金属钽为正极材料，负极用稀硫酸等配液，用钽表面产生的氧化膜做介质制成的一种电解电容。其容量一般为0.1~1000μF，额定电压为6.3~125V，但因其准确度高、损耗及漏电电流小，故可在要求高的电路中代替铝电解电容。

> 钽电解电容相对于铝电解电容而言，其优点是体积小、使用温度范围宽、寿命长、绝缘电阻高、漏电电流小、准确度高；缺点是容量小、价格贵、耐压值及承受电流能力低。

3. 可变电容

可变电容一般指在电路运行过程中，电容的容量可以根据需要在一定范围内随时调节的电容，可变电容一般包括以下几种：

（1）薄膜介质可变电容 此可变电容的动触片和定触片之间用薄膜作介质，外面加以封装。因动定触片之间距离较小，故在相同容量下，薄膜介质可变电容相对体积小、重量轻，其外形如图1-34a所示。

（2）微调电容 它有云母、瓷介等几种类型，其容量调节范围小，一般在几十皮法范围内，常在电路中作补偿和校正用，其外形如图1-34b所示。

（3）空气可变电容 该可变电容以空气为介质，用一组固定的定触片和一组可旋转的动触片为电极板，通过调节触片间的相对面积来调节电容的容量。按动触片和定触片的组数可将该电容分为单联、双联和多联几种。其特点是稳定性高、损耗小、准确度高但是体积巨大，其外形如图1-34c所示。

> 可变电容（Variable Capacitors）可以手动或自动改变电容容量，通常用于振荡及调谐电路中，例如收音机或者电视机的选台电路。可变电容通常带有调整用的沟槽或者旋钮，可在电路中作精细调整。

37

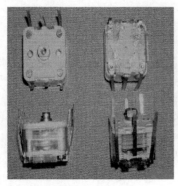

a) 薄膜介质可变电容　　　　　　b) 微调电容　　　　　　c) 空气可变电容

图 1-34　可变电容外形

电容种类繁多，根据国家标准规定，国产电容的型号由四个部分组成，具体命名情况见表 1-16，不同电容的允许误差也不同，具体情况见表 1-17。

表 1-16　电容的型号命名组成部分的含义

第一部分：主称		第二部分：材料		第三部分：特征、分类						第四部分：序号
符号	意义	符号	意义	符号	意义					
					瓷介	云母	玻璃釉	电解	其他	
C	电容	C	瓷介	1	圆片	非密封	—	箔式	非密封	用字母或数字表示电容的结构和大小
		Y	云母	2	管形	非密封	—	箔式	非密封	
		I	玻璃釉	3	叠片	密封	—	烧结粉固体	密封	
		O	玻璃膜	4	独石	密封	—	—	密封	
		Z	纸介	5	穿心	—	—	—	穿心	
		J	金属化纸	6	支柱	—	—	—	—	
		B	聚苯乙烯	7	—	—	—	无极性	—	
		L	涤纶	8	高压	高压	—	—	高压	
		Q	漆膜	9	—	—	—	特殊	特殊	
		S	聚碳酸酯	J	金属膜					
		H	复合介质	W	微调					
		D	铝	T	铁电					
		A	钽	X	小型					
		N	铌	S	独石					
		G	合金	D	低压					
		T	钛	M	密封					
		E	其他	Y	高压					
				C	穿心式					

表 1-17 常用电容标称容量及允许误差范围

标称容量系列	允许误差	电容类别
1.0、1.1、1.2、1.3、1.5、1.6、1.8、2.0、2.2、2.4、2.7、3.0、3.3、3.6、3.9、4.3、4.7、5.1、5.6、6.2、6.8、7.5、8.2、9.1	±5%	高频纸介质、云母介质、玻璃釉介质
1.0、1.5、2.0、2.2、3.3、4.0、4.7、5.0、6.0、6.8、8.2	±10%	纸介质、金属化纸介质、复合介质
1.0、1.5、2.2、3.3、4.7、6.8	±20%	电解电容

项目2　半导体器件的采购与检测

半导体的发现可以追溯到 19 世纪，但是半导体的真正应用是 20 世纪中期，特别是 1947 年晶体管的发明到 1958 年集成电路的设计研制成功，开辟了微电子的时代。今天用到的各种各样的电子产品都离不开半导体。比如说大规模集成电路就是以硅为主要材料制作成的。信息时代的基础就是半导体时代。90% 以上的电子器件、组件和设备都是用半导体材料制成的。下面介绍半导体知识及如何采购半导体器件。

项目 目标与要求

- 能识别二极管、晶体管、场效应晶体管、晶闸管等半导体器件。
- 会收集各种半导体器件的相关资料。
- 能理解各种半导体器件基本参数的含义。
- 能够根据物料单或采购单编写询价合同。
- 能够根据反馈回来的报价进行议价及编写/填写采购合同。
- 能正确采购半导体器件并正确付款。
- 熟悉抽样方法，能看懂抽样检测表。
- 会按检测报告的要求对半导体器件进行抽样检测。
- 会使用万用表对半导体器件进行检测。

项目 工作任务

- 根据物料单或采购单查询半导体器件资料。
- 查询供货商信息并根据询价合同进行询价、议价。
- 签订采购合同、实施采购并正确付款。
- 根据 IQC 检测报告要求对半导体器件正确抽样。
- 使用万用表对采购回来的半导体器件进行检测并填写检测报告。

项目　情景式项目背景介绍

　　某电子工厂仓库现有一批半导体器件，已经存放了半年时间。现在需要对这一批半导体器件进行检测，物料检测清单见表2-1，要求全检，检测完成后，将不合格的元器件申请报废；将每种合格元器件通过采购方式补满5 000只并交仓库。入库前，要求新采购的元器件要按照AQL（接收质量限）0.4的检测标准完成检测任务并填写好检测报告。

表2-1　仓库物料检测清单

项次 （ITEM）	参数 （PARAMATER）	品名规格 （DESCRIPTION）	品牌 （BRAND）	单位 （UNIT）	数量 （QUANTITY）	单价 （UTPRICE）	金额 （AMOUNT）	交货时间 （DELIVEYDAY）
1	2AP9	整流二极管	国产	个	3 000	0.08	240.00	12月9日
2	1N4728	稳压二极管	国产	个	3 000	0.03	90.00	12月9日
3	红 φ5mm	发光二极管	国产	个	2 000	0.08	160.00	12月9日
4	9013	晶体管	国产	个	5 000	0.06	300.00	12月9日
5	3DJ2D	场效应晶体管	国产	个	1 000	2.00	2 000.00	12月9日
备注	币别：RMB					合计：	2 790.00	

　　根据该项目内容，分为三个任务来完成：①检测二极管（普通/稳压/发光二极管）；②检测晶体管；③采购半导体器件并抽样检测。

项目　任务书

　　根据上述背景介绍，可以将三个任务分步骤进行并分别罗列如下：

工 作 任 务	任务实施流程
任务1　检测二极管	步骤1　查询半导体器件图片及主要参数资料
	步骤2　对半导体器件进行检测
任务2　检测晶体管	步骤1　查询半导体器件图片及主要参数资料
	步骤2　对半导体器件进行检测
任务3　采购半导体器件并抽样检测	步骤1　按要求编制采购单
	步骤2　询价、议价、编写采购合同并采购
	步骤3　按检测报告进行抽样检测
	步骤4　填写检测报告

任务1　检测二极管

学习目标

1. 了解二极管的种类、作用及使用环境。

2. 知道常见二极管的主要参数的含义。

3. 掌握用万用表检测常见二极管的方法。

工作任务

1. 识别各种二极管的外形。

2. 按要求查询二极管的主要参数。

3. 用万用表对二极管进行检测。

[任务实施]

学一学

1. 二极管的识别与检测

（1）二极管的识别　要想采购表2-1中的二极管并对它们进行检测，需要先简单认识一下二极管，部分二极管的外形如图2-1所示。

a) 电视机中的二极管

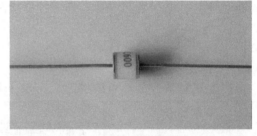

b) 开关放电二极管

c) 整流桥

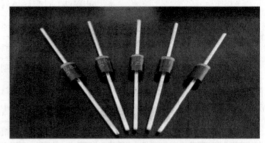

d) 普通二极管

图2-1　部分二极管的外形

（2）二极管的主要参数　二极管（Diode）是最常用的半导体器件之一，有正负两个管脚：正端通常被称为阳极，负端通常被称为阴极。二极管的最大特性是单向导电性：当电流从阳极流向阴极时，二极管对电流几乎没有阻碍作用，二极管相当于短路状态，电流畅通无阻；当电流从阴极流向阳极时，二极管对电流的阻碍作用几乎无限大，二极管相当于断路状态，电流无法流通。判断二极管极性的方法如图2-2所示。

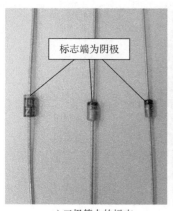
a) 二极管上的标志

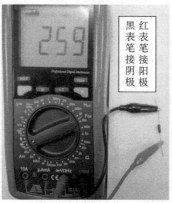
b) 测量二极管极性

图2-2　判断二极管极性的方法（锗材料二极管）

（3）二极管的种类　按材料不同可分为硅二极管、锗二极管、砷化镓二极管等；按照用途不同可分为整流二极管、检波二极管、稳压二极管、变容二极管、光敏二极管、发光二极管等，这些内容，在以后的课程中会陆续学习到。

（4）普通二极管的检测

1）首先用万用表的二极管检测档来检测一个普通二极管，检测方法如图2-3所示。

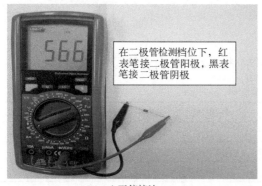
a) 正偏接法

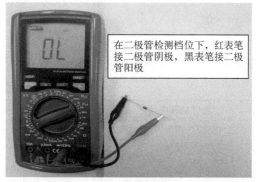
b) 反偏接法

图2-3　普通二极管的检测方法（硅材料二极管）

2）分析结果：

① 正偏接法如图2-3a所示，万用表显示数值为"566"。这是因为：万用表红表笔最终接到万用表内部电池的正极，黑表笔最终接到万用表内部电池的负极，正极电流从二极管的阳极流入，从阴极流出，二极管处于导通状态。

② 反偏接法如图2-3b所示，万用表显示数值为"OL"，表示超出量程。这是因为：万用表红表笔最终接到万用表内部电池的正极，黑表笔最终接到万用表内部电池的负极，正极电流从二极管的阴极流入，但无法从二极管的阳极（A极）流出，此时二极管处于截止（断开）状态。

根据以上结果，可以验证二极管的单向导通特性。

3）新知识：由分析结果可知，正偏接法时，万用表显示的是一个数字，它表示在有电流经过该二极管时，电压降低的幅度，一般称它为正向电压降或者门槛电压。例如，图 2-3a 中的"566"表示被检测的二极管在有电流流过的时候，两端的电压值为 0.566V，即它的正向电压降或者门槛电压值为 0.566V。

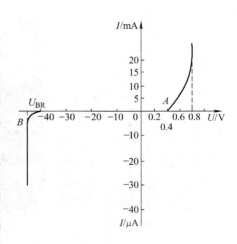

图 2-4　硅二极管的伏安特性曲线

① 门槛电压：门槛电压是二极管的基本参数之一，指二极管导通时其两端的电压差，可以理解为电流为了导通二极管所付出的电压降低的代价。不同材料的二极管，其门槛电压值不同：锗材料制成的二极管门槛电压一般为 0.2 ~ 0.3V；硅材料制成的二极管门槛电压一般为 0.5 ~ 0.7V。如果二极管两端的电压差低于它自身的门槛电压值，那么即使电压正负极的方向为正偏方向，二极管也无法导通。图 2-2 中测量的二极管是锗二极管，而图 2-3 中测量的是硅二极管。

② 伏安特性曲线：通常用伏安特性曲线来表示通过二极管的电压和电流关系，如图 2-4 所示。从图中可以明显看出，当正向电压超过 0.7V 的时候，二极管内通过的电流超过了 20mA，此时二极管处于正向导通状态，所以说，该二极管的门槛电压为 0.7V。

▌ 做一做

根据以上的学习内容，通过网络查询的方式将表 2-2 中的内容填写完整。

表 2-2　常用二极管的种类及特性

二极管的种类	特性及使用环境描述
整流二极管	
稳压二极管	
发光二极管	
变容二极管	
检波二极管	
光敏二极管	

▌ 想一想

根据表 2-1 抽样检测清单样本，思考如下几个问题：

1）表 2-1 中的红 ϕ5mm 是什么意思？

2）表 2-1 中的稳压二极管和整流二极管的编号为何相差巨大？

3）除了表 2-1 中和表 2-2 中涉及的几种二极管，还有没有其他特殊作用的二极管？

2. 稳压二极管的识别与检测

（1）稳压二极管的识别　稳压二极管也称为齐纳二极管。在二极管反向击穿的时候，流过二极管的反向电流急剧增大，但此时二极管两端的反向电压值却十分稳定，利用二极管的该项特性，专门制作出稳压二极管，在反向击穿状态下工作，来保证二极管两端的反向电压相对稳定。稳压二极管与普通二极管的区别是：在反向击穿状态下，普通二极管会因温度过高而导致管芯烧毁；稳压二极管由于采用的特殊材料及工艺等方面原因，能承受更大的反向电流，在不超过其额定反向电流的前提下，稳压二极管不会烧毁。不同的稳压二极管，具有不同的稳压值，但它们都工作在反向击穿状态下。稳压二极管外形如图2-5所示。

图2-5　稳压二极管外形

相关知识

1）反向击穿电压 U_{BR}：当二极管加上反向电压时，二极管内部会流过非常微弱的反向电流。但是当反向电压高到一定程度的时候，反向电流会忽然增大，此时二极管会被击穿，单向导电性被破坏，严重时二极管甚至因为过热而被烧坏。将二极管击穿时所加的电压就是二极管的反向击穿电压。反向击穿电压一般是最高反向工作电压的1.5~2倍。

2）反向电流 I_R：反向电流是指二极管在室温及规定的最高反向电压下，流过二极管的反向电流值。该电流值越小，说明二极管的单向导电性能越好（反向电流的值受温度影响极大，温度越高，反向电流越大）。

（2）稳压二极管的检测

1）将稳压二极管串联一个5.6kΩ的保护电阻，再反偏接入稳压电源中，逐渐调高电压，在电压还未能击穿稳压二极管时，二极管两端的电压就是稳压电源的电压值，如图2-6a、b所示。

2）继续调高稳压电源的供电电压，直到6.1V时，用万用表检测到的稳压二极管两端电压也随着升高到6.1V；但是当继续调高电源电压，从6.1V一直到7.0V时，可知：超过6.1V以后，稳压二极管两端的电压一直没有变化，都在6.09~6.10V之间变化，如图2-6c、d所示。

3）考虑到仪器仪表的测量误差，可以得出结论：图中测量的稳压二极管的稳压值（反向击穿电压值）的测量值是6.1V。

a) 将稳压二极管接入稳压电源　　　　　　　　b) 需要反偏接入

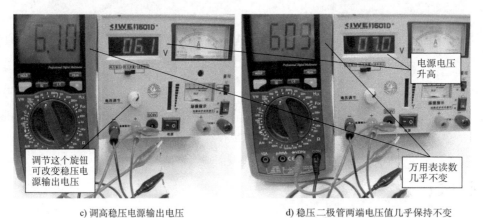

c) 调高稳压电源输出电压　　　　　　　　d) 稳压二极管两端电压值几乎保持不变

图 2-6　稳压二极管的检测方法

做一做

1）网络查询：稳压二极管的反向电流指的是＿＿＿＿＿＿＿＿＿＿＿＿＿＿＿＿＿＿。

2）网络查询：稳压二极管的动态电阻指的是＿＿＿＿＿＿＿＿＿＿＿＿＿＿＿＿＿＿。

3）网络查询：稳压二极管的稳定电流指的是＿＿＿＿＿＿＿＿＿＿＿＿＿＿＿＿＿＿。

4）根据表 2-1 中所列，将库存的 3 000 个稳压二极管（1N4728）的各项参数检测出来，并填入表 2-3 中。

表 2-3　1N4728 检测实验

类型	1N4728 稳压二极管				
序号	正向门槛电压	稳压值	序号	正向门槛电压	稳压值
1			6		
2			7		
3			8		
4			9		
5			10		

想一想

根据稳压二极管的检测，思考如下几个问题：

1）在图2-6所示的检测过程中，如果稳压二极管是按照正偏接法连接的，测量结果会怎样？

2）在图2-6所示的检测过程中，如果稳压二极管不小心被击穿，稳压电源会有什么变化？

3. 发光二极管的识别与检测

（1）发光二极管的识别　发光二极管（Light Emitting Diode，LED）是一种能发光的半导体器件，但同时具有二极管的特性。在加正向电压达到一定值的时候，发光二极管内部有正向电流通过，其内部的材料能将电能转变为光能，从而达到发光的目的。不同的发光二极管所发出的光颜色取决于制作管子所采用的材料及其比例。目前市场上常见的有蓝、白、绿、红、黄、橙色的发光二极管。发光二极管的工作电压也因内部材料不同而有所差别：黄、红、绿、橙色的发光二极管工作电压为1.5~2V；白色的发光二极管工作电压为2.5~3.2V；蓝色的发光二极管工作电压一般高于3.3V。发光二极管外形如图2-7所示。

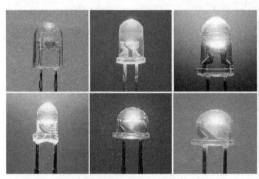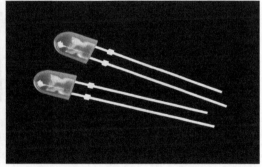

图2-7　发光二极管外形

（2）发光二极管的检测

1）发光二极管的极性判断。发光二极管完整的时候，管脚长短不同，较长的一端为正极（或者阳极），较短的一端为负极（或者阴极）。如果发光二极管已经安装在电路中，管脚已经剪除或者无法看到，那么可以通过管脚对应的发光材料来判断。如图2-8a所示，通过发光二极管外部的透明封装可以看到其内部的发光材料，体积较大的一部分所连接的管脚为发光二极管的负极（或者K极、阴极）。

2）用稳压电源测量发光二极管。

① 如图2-8b所示，将稳压电源的正负极分别对应接上发光二极管的正负极，将电压调至2.7V，此时发光二极管发出蓝色的光，但光线微弱（注意此时电流表读数几乎为零）。

② 考虑到蓝色的发光二极管工作电压较高，一般高于3.3V，这里再把电源电压调至

3.5V（高出额定电压0.2V），可以看到发光二极管发出强烈的蓝色荧光，如图2-8c所示。

　　注意：此时稳压电源的电流表显示为60mA左右，高出正常工作电压30mA左右。

　　③如果将发光二极管在额定电压下反偏连接，可发现发光二极管无法发光，且电流为零，符合二极管单向导通的特性。

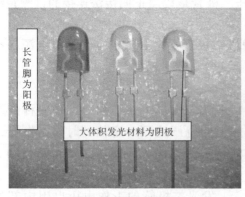

a) 发光二极管的正负极判别

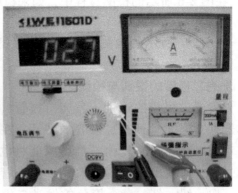

b) 欠电压下的发光二极管

c) 略大于额定电压下的发光二极管

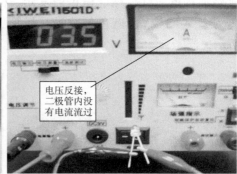

d) 反偏接法的发光二极管

图2-8　发光二极管的检测

做一做

　　根据表2-1给出的数据，将库存的发光二极管分小组全部进行检测，并将检测结果填入表2-4中。

表2-4　红色发光二极管检测实验

项目/组别	检测总数	合格数量	额定电压
第一组			
第二组			
第三组			
第四组			
第五组			

扩展知识：其他二极管介绍

在电路中，二极管不仅担当导通电流的作用，由于其特性突出，还能起到其他的作用，下面分别来介绍一下。

1. 整流二极管

整流二极管能在电路中将交流电整流成为脉动直流电，是因为利用了二极管的单向导电性。整流二极管正向工作电流较大，但工作频率不高，一般工作频率小于3kHz。其封装包括金属和塑料两种封装。金属封装利于散热，工作电流比塑料封装要大。常见的整流二极管如图2-9a所示。在电路中通常用四个整流二极管构成桥式整流电路，所以有生产厂家将四个整流二极管封装在一起，这种组件称为整流桥。常见的整流桥外形如图2-9b所示。

 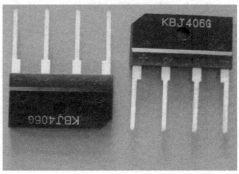

a) 整流二极管　　　　　　　　　　　　　　　　b) 整流桥

图2-9　整流二极管外形

相关知识

额定正向工作电流：是指二极管在长期连续工作时允许通过的正向最大电流值。虽然二极管中电流正向流动时，二极管处于导通状态，但是在有电流通过的时候，二极管会产生一定的热量，而且电流越大，产生的热量越大。因此二极管为了避免管芯烧坏，都有其最大正向工作电流值，该值就是额定正向工作电流。

2. 检波二极管

检波二极管能将高频中的低频信号检出来，具有较高的检波效率和良好的频率特性。检波二极管要求正向压降（门槛电压）小、频率特性好，其外形一般采用玻璃封装。检波二极管常用于调幅电路。常见的检波二极管外形如图2-10所示。

3. 开关二极管

利用二极管的正向导通（电路接通）和反向截止（电路断开）特性，在某些电路中将二极管当作开关来使用。开关二极管除了具有普通二极管的特性之外，还要求其反向恢复时间较短，这样，开关二极管才能真正在高频状态下具有良好的开关特性。开关二极管外形如图2-11所示。

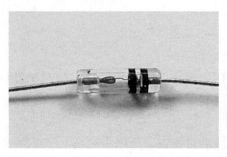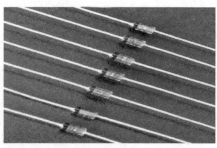

图 2-10　常见的检波二极管外形

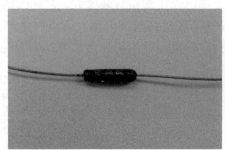

图 2-11　开关二极管外形

相关知识

反向恢复时间 t_{rr}：指二极管的外接电压从正偏瞬间转为反偏时，二极管内电流截止的延时长短。在开关二极管中，期望该值越小越好。该值越小，开关二极管的开关反应速度就越快。

4. 肖特基二极管

肖特基二极管也称为肖特基势垒二极管，它是近年来生产的低功耗、大电流、超高速半导体器件。它的特点是反向恢复时间短（仅为几纳秒）、正向导通电压降较小（仅为0.4V）、整流电流大（高达几千安）。肖特基二极管外形如图 2-12 所示。

图 2-12　肖特基二极管外形

相关知识

最高反向工作电压 U_{WRM}：在给二极管加反向电压时，流过二极管的电流非常小，相当于二极管无法导通。但是如果继续升高电压，到了某一程度的时候，二极管会被击穿，失去单向导电的能力，严重的甚至造成永久性的损坏。所以为了使用安全，规定了二极管的最高反向工作电压，此电压要远远低于反向击穿电压。

最大浪涌电流 I_{surge}：是允许流过二极管的最大瞬时正向电流值。该值通常为额定正向工作电流的 20 倍左右。当浪涌电流流过二极管时，电流值虽然很大，但是通过时间非常短，不会对二极管造成永久性的损坏。该值表明了二极管承受瞬时电流的最大能力。

任务 2 检测晶体管

学习目标

1. 了解晶体管的种类、作用及使用环境。
2. 知道常见晶体管的主要参数的含义。
3. 掌握用万用表检测常见晶体管的方法。

工作任务

1. 识别各种晶体管的外形。
2. 按要求查询晶体管的主要参数。
3. 用万用表对晶体管进行检测。

[任务实施]

学一学

1. 认识晶体管

在各式电器的电路板中，经常可以看到一种三个管脚的组件，这是什么组件？它在电路中的作用是什么？它的质量好坏如何判断呢？它就是晶体管，首先介绍一下它的外形，如图 2-13 所示。

晶体管（Transistor）是最常用的半导体器件之一。晶体管通常在开关、放大、混频电路中被使用。晶体管有三个极：基极（B）、集电极（C）和发射极（E）。晶体管的内部结构及电路符号如图 2-14 所示。

按材料分，晶体管可分为锗晶体管、硅晶体管；按照管脚极性分，晶体管可分为 NPN 型晶体管和 PNP 型晶体管；按其适用范围分，晶体管可分为大/中/小功率晶体管、高/低频晶体管等；按其内部结构及用途分，晶体管可分为普通晶体管、带阻晶体管、差分对管、光电晶体管等。

2. 晶体管的测量

1）先将万用表调至二极管档，再按图 2-13d 所示的方向，将晶体管放好，分别标记出

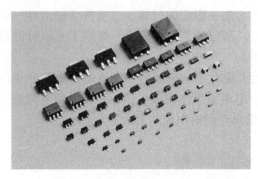

a) 贴片晶体管

b) 中等功率塑料封装晶体管

c) 大功率金属封装晶体管

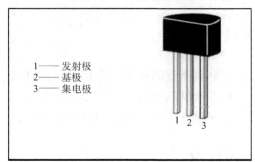

d) 小功率塑料封装晶体管(9012)

图 2-13　部分晶体管外形

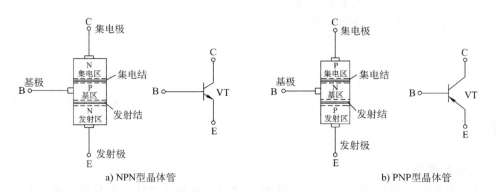

a) NPN型晶体管 　　　　　　　　　　　　　　　 b) PNP型晶体管

图 2-14　晶体管的内部结构及电路符号

1、2、3 脚，然后按图 2-15 所示进行测量。

　　2）晶体管的类型、管脚和放大倍数的测量方法：

　　① 用万用表的红表笔或者黑表笔夹住晶体管的某一个管脚。

　　② 用万用表另外一个表笔去触碰晶体管另外两个管脚，如果都显示数字，则表示第一个表笔所夹的管脚为晶体管的基极（如果显示"OL"溢出或超出量程，则对调表笔再试），到此步骤能测出晶体管的基极。

　　③ 如果夹着基极的表笔是红色，则表示该晶体管是 NPN 型晶体管；如果夹着基极的是黑色表笔，则表示该晶体管是 PNP 型晶体管。到此步骤能判断出晶体管的类型。

　　④ 夹着基极的表笔不动，用另外一个表笔触碰晶体管的另外两个管脚，如果显示的数

a) 测量1、2脚

b) 测量2、3脚

c) 测量2、1脚

d) 测量放大倍数

图 2-15 晶体管的测量方法

字都小于"400"（相当于 0.4V），则该晶体管是锗材料晶体管；如果显示的数字都大于 400，则该晶体管是硅材料晶体管。到此步骤能测出晶体管的材料。

⑤ 夹着基极的表笔不动，用另外一个表笔触碰晶体管的另外两个管脚，显示数值较大的一次，表笔所接的为发射极 E；数值较小的一次，表笔所接的为集电极 C。

⑥ 用万用表的晶体管档可以直接测量出晶体管的放大倍数，将晶体管的三个管脚按对应类型的插孔插入，则万用表上直接显示出放大倍数的数值。

3）以图 2-15 为例：

① 如图 2-15a、b 所示，晶体管中间管脚接黑表笔，用红表笔触碰晶体管左右两个管脚，都有数值，则表示黑表笔所接的为基极，且该晶体管是 PNP 型晶体管。如果测量中出现图 2-15c 所示情况，应该调换红黑表笔再次测量。

② 在图 2-15a、b 中，两次测得的两个数值，都超过了 400，表示该晶体管是硅材料管。

③ 最后比较图 2-15a 和图 2-15b，两次测得的两个数值，结果红表笔接左边管脚的数值较大，为 701，而接右边管脚的数值较小，为 695，所以左边的管脚为晶体管的发射极 E，右边管脚为晶体管的集电极 C。

测出晶体管的类型和管脚之后，将万用表选择到 hFE 档，将晶体管按管脚、类型标志插入，如图 2-15d 所示，显示该晶体管的放大倍数是 238，这是该晶体管的电流放大系数。

▌ 相关知识

电流放大系数：就是电流放大倍数，该值表示了晶体管放大电流的能力，记为 β。电流放大系数分直流放大系数和交流放大系数，在小信号状态下，这两个系数基本相等。β 的值一般为几十到几百不等。

▌ 做一做

根据以上的学习内容，完成以下任务：

根据表 2-1，分组检测 5000 只型号为 9013 的晶体管的参数，并填写在表 2-5 中。

表 2-5 晶体管检测实验

序号	类型（NPN/PNP）	材料(硅/锗)	管脚号	放大倍数	是否击穿
1					
2					
3					
4					
5					
6					
7					
8					
9					
10					

▌ 扩展知识：晶体管的种类与其他重要参数

在电子产品中，晶体管由于功能强大，几乎所有的电子产品都会用到，其他的特殊晶体管，在电路中能实现一些特殊的功能，也被广泛使用。在现阶段的电子产品中，晶体管的使用率已经大大超过了二极管，它们能实现比二极管更加丰富的功能，下面介绍几种常见的晶体管及其参数。

1. 开关晶体管

开关晶体管是一种导通、截止转换速度较快的晶体管，分为小功率和高反压大功率两种。小功率开关晶体管一般用于高频放大电路、脉冲电路等；高反压大功率开关晶体管一般用于彩色电视机中作开关电源、行输出管或者镇流器等。

2. 大功率晶体管

该类工作在大电流状态，工作时集电极耗散功率大，产生大量热量，因此集电极的面积较大，利于散热。大功率晶体管一般应用于大电流放大电路、继电器、电源调整电路、音频放大电路等。

相关知识

耗散功率 P_{cm}：也称为集电极最大允许耗散功率。晶体管工作在放大状态时，集电极处于较大的电压和电流工作状态，如果消耗功率太大，会导致晶体管烧毁。通常将 P_{cm} 小于 1W 的晶体管称为小功率晶体管，将 P_{cm} 大于 10W 的晶体管称为大功率晶体管。中、大功率晶体管的集电极都有大面积金属块连接，便于散热。

3. 带阻晶体管

带阻晶体管是在晶体管的基极或者基极与发射极之间加入保护电阻后封装而成的，其结构如图 2-16 所示。

带阻晶体管一般应用在数字电路中，所以带阻晶体管又称为数字晶体管或者数码晶体管，通常在电路中作为中速开关，具有输入阻抗高和低噪声等性能。

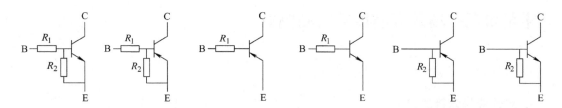

图 2-16 带阻晶体管的几种结构

4. 达林顿管

达林顿管也称为复合管，采用复合连接的方式，将两个甚至更多的晶体管依次直接连接在一起构成。多次级连后，管子的放大倍数急剧增大，主要用于音频功率放大、电源稳压、大电流驱动及开关控制电路中。达林顿管的内部结构如图 2-17 所示。

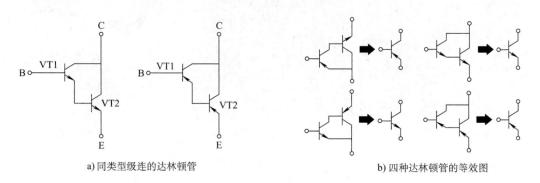

a)同类型级连的达林顿管   b)四种达林顿管的等效图

图 2-17 达林顿管的内部结构

5. 晶体管的其他参数

1）集电极最大电流 I_{cm}：是指晶体管集电极允许通过的最大电流值。晶体管工作在放大状态时，集电极电流的上升会导致晶体管的放大倍数 β 值下降，当 β 值下降到晶体管正常 β 值的三分之二时，此时的集电极电流记为集电极最大电流 I_{cm}。当集电极电流超过 I_{cm} 时，

晶体管的放大倍数 β 会明显变小，影响晶体管的放大工作。

2）频率特性：同一个晶体管放大不同频率的信号，其放大倍数 β 是不同的，频率越高，β 值越小。若被放大的信号超过了晶体管的工作频率范围，晶体管的放大能力会减弱甚至失去放大效果。特别的是：当频率升高到使 $\beta = 1$ 时，该频率被称为晶体管的特征频率，记为 f_T。特征频率小于 $3\,MHz$ 的晶体管，称为低频晶体管；特征频率大于 $30\,MHz$ 的晶体管，称为高频晶体管；特征频率大于 $300\,MHz$ 的晶体管，称为超高频晶体管或者微波晶体管。

3）最大反向电压：指晶体管在工作时电压极性反接的极限，包括集电极→发射极的反向击穿电压 U_{CEO}、集电极→基极的反向击穿电压 U_{CBO} 和发射极→基极的反向击穿电压 U_{EBO}，这三个击穿电压的关系为

$$U_{CBO} > U_{CEO} > U_{EBO}$$

4）反向电流：包括集电极→基极的反向电流 I_{CBO} 和集电极→发射极的反向电流 I_{CEO}。其中，I_{CBO} 称为集电结反向漏电电流；I_{CEO} 称为穿透电流。它们的值越小，说明晶体管的性能越好。

▌补充知识：场效应晶体管与晶闸管

一、场效应晶体管的识别、检测及参数

1. 场效应晶体管的识别

场效应晶体管（Field Effect Transistor）：是最常用的半导体器件之一。它在电路中也和晶体管一样，能实现开关、控制、放大等功能。虽然它们外形相似，但是它们的内部结构和工作原理却完全不同。部分场效应晶体管的外形如图 2-18 所示。

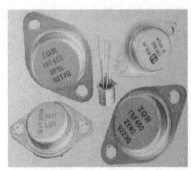

a) 金属封装的场效应晶体管　　　　b) 塑料封装的场效应晶体管　　　　c) 贴片式场效应晶体管

图 2-18　部分场效应晶体管的外形

（1）场效应晶体管的结构图　场效应晶体管与晶体管虽然都是由 PN 结构成，但是结构还是不同，场效应晶体管的内部结构如图 2-19 所示。

（2）场效应晶体管的电路符号　场效应晶体管的电路符号见表 2-6。

（3）场效应晶体管的管脚排列　场效应晶体管的管脚排列如图 2-20 所示。

（4）场效应晶体管的分类　场效应晶体管的分类也不同于晶体管。场效应晶体管的分类见表 2-7，在不同的类型中还分不同的沟道，这个是晶体管中所没有的。

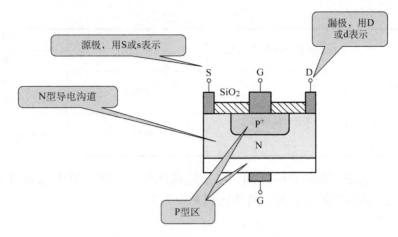

图 2-19　场效应晶体管的内部结构

表 2-6　场效应晶体管的电路符号

结型场效应晶体管	N沟道结构 P沟道结构
MOS 场效应晶体管	N沟道耗尽型　P沟道耗尽型 N沟道增强型　P沟道增强型

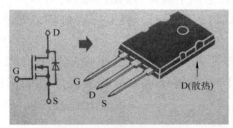

a) 带保护二极管的场效应晶体管

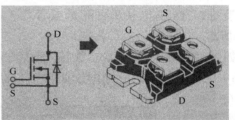

b) 带保护二极管及绝缘底板的场效应晶体管

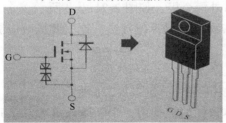

c) 带保护二极管和稳压二极管的场效应晶体管

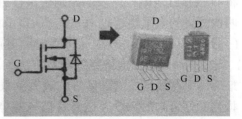

d) 贴片封装的场效应晶体管

图 2-20　场效应晶体管的管脚排列

表 2-7 场效应晶体管的分类

场效应晶体管 （FET）	结型场效应晶体管（JFET）	耗尽型	N 沟道
			P 沟道
	绝缘栅型场效应晶体管（MOSFET）	增强型	N 沟道
			P 沟道
		耗尽型	N 沟道
			P 沟道

（5）场效应晶体管与晶体管的区别　场效应晶体管虽然在电路中能达到和晶体管一样的功能，但是它们的区别依然很大，具体区别见表 2-8。

表 2-8 场效应晶体管与晶体管的区别

项　　目	晶体管	场效应晶体管
控制方式	电流控制电流	电压控制电流
类型名称	NPN、PNP	N 沟道、P 沟道
放大参数	$\beta = $ 几十 ~ 几百	$G_m = 1 \sim 6\text{mS}$
输入电阻	$10^2 \sim 10^4 \Omega$	$10^7 \sim 10^{14} \Omega$
抗辐射能力	弱	强
噪声	较大	小
热稳定性	差	好
制作工艺	较复杂	简单、成本低、易集成
电路应用	C、E 极一般不可互换	有的型号 D、S 极可以互换

2. 场效应晶体管的检测

（1）场效应晶体管极性及类型的测量步骤

1）先用万用表的欧姆档测场效应晶体管的任意两个管脚，如图 2-21a、b 所示。

2）按图 2-21a 测得有几百欧姆或者几千欧姆的数值时，将万用表红黑表笔对调，如图 2-21b 所示。

3）如果对调表笔后测得的数值与对调表笔前测得的数值相接近（即图 2-21a 与图 2-21b 中的数值相接近），说明表笔所夹的两个管脚分别为场效应晶体管的漏极（D）和源极（S）。

4）剩下的管脚即为栅极（到此可以判定出栅极）。

5）将 G 极接红表笔，黑表笔分别依次接另外两个极，如图 2-21c、d 所示。

6）两次测得的电阻均超过 $10\text{M}\Omega$，所以 PN 结应该是反偏接法，推出此场效应晶体管是 P 沟道（到此可以判定出场效应晶体管的类型）。

（2）场效应晶体管放大系数的测量方法

1）最后需要测量场效应晶体管的放大系数（跨导），如图 2-22a 所示。

2）将判断好管脚的场效应晶体管插入晶体管档的插孔内，G 极插入 B 极中，P 沟道对应 PNP，漏极、源极可以随意，测得该场效应晶体管的跨导（放大系数）是 179，如图 2-22a 所示。如果插错，则会显示零，如图 2-22b 所示。

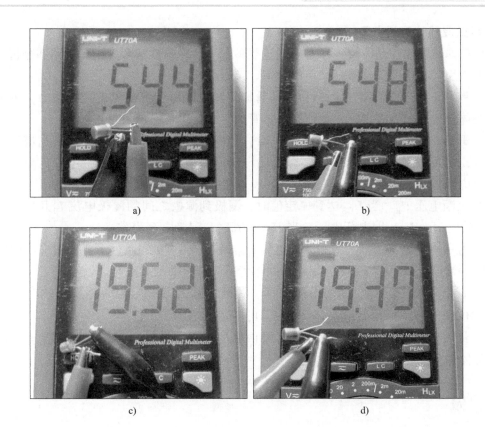

图 2-21 场效应晶体管的管脚测量

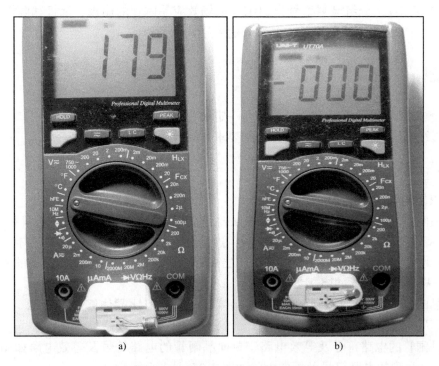

图 2-22 场效应晶体管的跨导的测量

3. 场效应晶体管的参数

场效应晶体管也和晶体管一样有一些重要参数,这些参数对今后设计电路和分析电路都有重要的作用,在这里仅仅做个简单的介绍。

(1)跨导 g_m 跨导表明了场效应晶体管栅－源电压对漏极电流的控制能力,也是衡量场效应晶体管放大能力的指标,类似于晶体管的 β,单位是 S(西门子)。

(2)开启电压 U_T 当 U_{GS} 达到一定值时,漏极到源极之间会有一个电流 I_D 流过,称为漏极电流,此时的 U_{GS} 的值记为 U_T,即开启电压,类似于晶体管的门槛电压。当 $U_{GS} < U_T$ 时,场效应晶体管不能导通。

(3)夹断电压 U_P 当 U_{GS} 达到一定值时,漏极到源极之间的漏极电流 I_D 几乎为零,此时的 U_{GS} 的值记为 U_P,即夹断电压,当 $U_{GS} = U_P$ 时,漏极电流为零。

(4)饱和漏极电流 I_{DDS} 饱和漏极电流 I_{DDS} 是在 $U_{GS} = 0$ 的条件下,场效应晶体管发生预夹断时的漏极电流。I_{DDS} 是结型场效应晶体管所能输出的最大电流。

(5)直流输入电阻 R_{GS} R_{GS} 指的是栅、源极之间的等效电阻,结型场效应晶体管的 R_{GS} 大于 $10^7\Omega$,而 MOS 场效应晶体管的 R_{GS} 可高达 $10^9\Omega \sim 10^{15}\Omega$。

(6)最大漏极功耗 P_D P_D 等于漏、源两极的电压与漏极电流的乘积:$P_D = U_{DS} \times I_D$,类似于晶体管的集电极耗散功率 P_{CM}。

做一做

根据以上的学习内容,完成以下任务:

1)根据表 2-1,分组检测型号为 3DJ2D 的场效应晶体管的栅极、漏极和源极。

2)用万用表测出该型号场效应晶体管的跨导并记录。

想一想

1)场效应晶体管的漏极和源极为何在一定场合下可以对调?

2)场效应晶体管的存放是否有何特殊要求?为什么要有这些要求?

二、晶闸管的识别与检测

1. 认识晶闸管

(1)晶闸管及其外形 晶闸管(Thyristor)也称为晶体闸流管,又称为可控硅整流器,是一种大功率开关型半导体器件,在电路中用文字符号"V"表示。最常用的有单向晶闸管和双向晶闸管两种,其中单向晶闸管类似于二极管,只能在一个方向导通;双向晶闸管两个方向都可以导通,其外形如图 2-23 所示。

(2)晶闸管的结构 晶闸管的结构与晶体管相似,但比晶体管更加复杂。单向晶闸管的内部结构及等效图如图 2-24 所示。

(3)晶闸管的电路符号及等效电路 单向晶闸管的电路符号及等效电路如图 2-25a、b 所示,双向晶闸管的电路符号及等效电路如图 2-25c、d 所示。

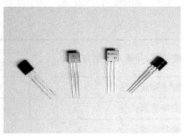

图 2-23　部分晶闸管的外形

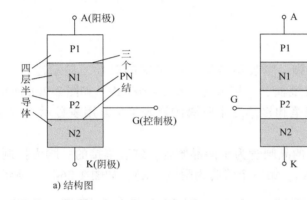

a) 结构图　　　　　　　　　　　　　　　b) 等效图

图 2-24　单向晶闸管的内部结构及等效图

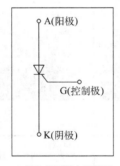

a) 单向晶闸管电路符号

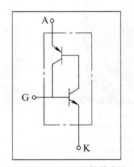

b) 单向晶闸管内部等效电路

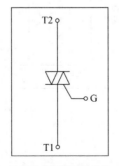

c) 双向晶闸管电路符号

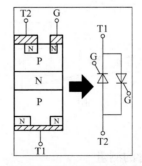

d) 双向晶闸管内部结构及等效电路

图 2-25　晶闸管的电路符号及等效电路

（4）晶闸管的分类　晶闸管按照不同的标准可以进行多种不同方式的分类，见表2-9。

表2-9　晶闸管的分类

按关断、导通及控制方式分	普通晶闸管（单向）、双向晶闸管、逆导晶闸管、门极关断晶闸管（GTO）、BTG晶闸管、温控晶闸管和光控晶闸管等
按管脚和极性分	二极晶闸管、三极晶闸管和四极晶闸管
按封装形式分	金属封装晶闸管、塑封晶闸管和陶瓷封装晶闸管
按电流容量分	大功率晶闸管、中功率晶闸管和小功率晶闸管
按关断速度分	普通晶闸管和高频（快速）晶闸管

2. 晶闸管的检测

（1）单向晶闸管的测量

1）将万用表调到二极管档。

2）若红表笔固定接一个管脚，黑表笔接第二个管脚的时候，显示溢出"OL"，如图2-26a所示；将黑表笔接第三个管脚，万用表显示600～800mV，如图2-26b所示。

3）对调接第一个管脚的红表笔和接第三个管脚的黑表笔，万用表显示为溢出"OL"，如图2-26c所示。

4）符合以上两点，说明所测的晶闸管为单向晶闸管，红表笔接的一脚为控制极（G），黑表笔接的第二个管脚为阳极（A），第三个管脚为阴极（K），如图2-26d、e所示：

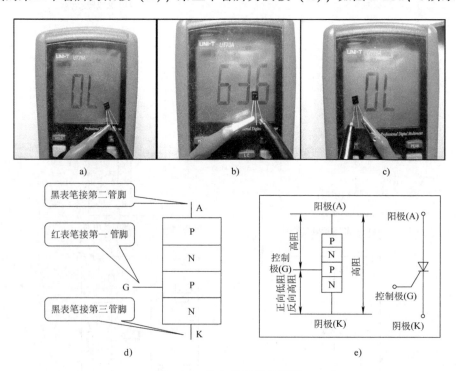

图2-26　单向晶闸管的测量

（2）双向晶闸管的测量

1）将万用表调到二极管档。

2）若红表笔固定接第一个管脚，黑表笔接第二个管脚的时候，数值显示为 600 ～ 800mV，如图 2-27a 所示；将黑表笔接第三个管脚，显示溢出"OL"，如图 2-27b 所示。

3）对调接第一个管脚的红表笔和接第二个管脚的黑表笔，万用表依然显示为 600 ～ 800mV，如图 2-27c 所示。

4）符合以上两点，说明所测的晶闸管为双向晶闸管，红表笔接的一个管脚为主电极 T1，黑表笔接的第二个管脚为控制极 G，第三个管脚为主电极 T2。三个管脚的分布如图 2-27d所示。

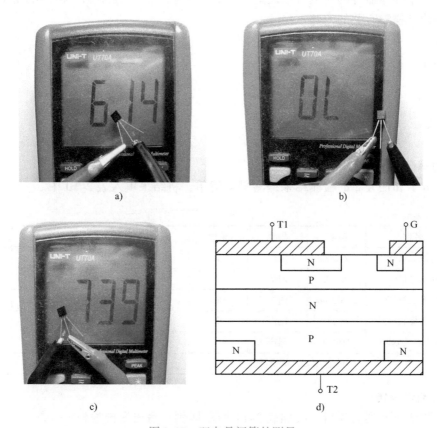

图 2-27 双向晶闸管的测量

任务 3 采购半导体器件并抽样检测

▌学习目标

1. 熟悉采购单、物料单的编写。
2. 熟悉询价合同、采购合同的签订。
3. 了解抽样的方法。
4. 会填写检测报告。

工作任务

1. 按要求写出采购单、物料清单。
2. 询价议价、签订采购合同、实施采购。
3. 检查包装、清点货物并付款。
4. 按要求抽检半导体器件并填写检测报告。

在介绍完半导体器件的检测方法之后，进行一下综合，介绍采购、检测的全部程序，期间还介绍与抽样检测有关的内容。

[任务实施]

做一做

1. 编写采购单

根据任务 1 和任务 2 的检测结果编写采购清单，将结果填入表 2-10 中。

表 2-10　半导体器件采购清单

项目	名称	参数	品牌	单位	数量	单价	金额	交货时间
1	整流二极管	2AP9	国产	个		≤0.08		
2	稳压二极管	1N4728	国产	个		≤0.03		
3	发光二极管	红、φ5mm	国产	个		≤0.08		
4	晶体管	9013	国产	个		≤0.06		
5	场效应晶体管	3DJ2D	国产	个		≤2.00		
备注		币别:RMB(单位:元)				合计:		

2. 编写询价报告

根据采购清单罗列的项目，按照表 2-11 所示样例，写出询价报告。

3. 编写采购合同

每次采购，都会碰到一些不同的情况，例如采购数量的大小、采购元器件种类的多少、供货商的生产规模等，这些不同因素会影响到是否签订合同、怎样签订合同。假设下面是某大型集团公司的合同范本，试按本书中的采购任务填写好下面合同，见表 2-12，填写的内容要符合采购要求。

4. 验货及付款

（1）验货注意事项

1）收到货物后，检查外包装是否良好。

2）清点货物数量、名称是否与收货单一致。

3）如果出现商品短少、包装破损等问题，及时通知发货方。

4）检查发票、元器件规格书等是否齐全。

表 2-11　半导体器件询价报告样例

FAX:0755-　　　　　　TEL:0755-
深圳高级技工学校

半导体器件的采购报价表

一、产品内容及价格:

序号	元器件名称	包装	数量	含普通税	含增值税	备注
1	整流二极管					
2	稳压二极管					
3	发光二极管					需符合以下技术要求
4	晶体管					
5	场效应晶体管					

二、技术要求:

序　　号	元器件名称	技术参数	备　　注
1	整流二极管	2AP9	
2	稳压二极管	1N4728	
3	发光二极管	红、φ5mm	
4	晶体管	9013	
5	场效应晶体管	3DJ2D	

三、报价单位:_____(盖章)
　　联系地址:_____
　　联系电话:_____

表 2-12　半导体器件采购合同样例

产品采购合同

供方:　　　　　　合同编号:　　　　　　签订地点:
需方:深圳高级技工学校　　签订时间:　　年　　月　　日

一、产品描述:

序号	物料类型	详细描述	最小订单量	最大供应量/天	交货 L/T	备注
1	整流二极管	2AP9				
2	发光二极管	红、φ5mm				
3	稳压二极管	1N4728				
4	晶体管	9013				
5	场效应晶体管	3DJ2D				

二、具体的产品名称、规格、单位、价格及交货时间、数量、地点以需方"采购订单"或"网上订单"("采购订单"或"网上订单"以下统称为采购订单)为准。需方采购订单经授权人员签字并加盖需方合同专用章后才能生效。需方采购订单为本合同有效且必要的组成部分,与本合同产生同等法律效力。供方应在需方下达订单后____个工作日内确认或反馈意见,超期未确认或未反馈意见视同供方接受需方采购订单。

（续）

三、供方须按需方采购订单约定的产品、日期、数量、地点交货,如供方不能按约定的产品、时间、数量、地点交货,需方有权根据需求情况保留或取消该采购订单,供方按照与深圳高级技工学校另行签订的"供应商保证协议书"相关条款赔偿需方。需方保留对已下达采购订单的交货日期、数量进行提前和推迟的权力,供方必须全力配合。

四、需方采购订单单价为不含税价,供方保证价格合理。如需方要求供方提供产品成本分析清单,供方应予以提供。供方所报产品价格若存在弄虚作假的情况或与合理价格严重不符或存在暴利的,一经查实将从供方货款中扣除供方不合理获利或暴利并解除合同。

五、供方必须保证其供货的产品在需方停止下单后____年/月内继续可以供应,如无法保证,需方应在停止供应此种产品的____个月前书面通知需方,否则供方须承担需方由此而产生全部售后费用。

六、本合同中产品技术标准、质量要求按双方技术协议或双方签订认可之样品为准,该内容作为本产品购销合同的附件,具有同样的法律效力。若产品质量达不到需方的技术标准及质量要求,需方拒绝收货。若因供方产品质量原因给需方造成恶劣影响、对第三方造成财产或人身损失,经相关验证证明后由供方承担全部需方损失。

七、供方提供的产品在生产中发现不合格品,需方将做退货处理,需方每周以邮件方式通知供方退货产品、数量,供方接到通知后____日内派人到需方指定地点办理退货手续,供方需对已办理退货手续的产品在____个月内补回。如供方没有及时办理退货手续或没有及时补料,需方将直接扣除供方等值货款而不需得到供方同意。因供方产品质量问题而给需方造成的损失,由供方按照与深圳高级技工学校签订的"供应商服务保证协议书"相关条款进行赔偿。

八、货款结算方式及期限:产品到达需方仓库并验收合格后,以_____的方式付款。当供方与需方终止合同时,最后一笔货款需方将在供方提供的最后一批产品的保质期过后支付,保质期未进行特别说明的为____个月。

九、供方须与深圳高级技工学校签订"供应商服务保证协议书",该协议为本合同不可分割的一部分,具有同等法律效力,在没有签订之前不能供货和结算。

十、合同的终止。在下列情况下,需方可以终止本产品购销合同:

1. 供方违反与本产品购销行为有关的国家相关规定;

2. 供方存在需要整改的问题,经需方多次通知而不能完成整改;

3. 供方名称更改的,需重新签订购销合同和其他约定的补充协议。未重新签订的,视为产品购销合同自行终止,需方可停止进货和结算。

十一、本合同经双方签字盖章后生效。未尽事宜可通过电话、传真、电子邮件等方式约定,并经双方书面补充。

供　　方:　　　　　　　　　需　　方:
单位名称(章):　　　　　　　单位名称(章):
单位地址:　　　　　　　　　单位地址:
法定代表人:　　　　　　　　法定代表人:
委托代理人:　　　　　　　　委托代理人:
电话:　　　　　　　　　　　电话:
开户银行:　　　　　　　　　开户银行:
账号:　　　　　　　　　　　账号:
税务登记号:　　　　　　　　税务登记号:
邮政编码:　　　　　　　　　邮政编码:

（2）付款注意事项

1）按卖方要求付款。

2）付款时要再三核对款项。

3）保留付款凭证。

5. 抽样检测

对产品进行抽样检测,以保证产品质量。

学一学

1）什么是抽样检测？为什么要进行抽样检测？

通常情况下,采购部门将元器件采购回来之后,由于每批次的数量都较大,不可能对全部样品进行检测。所以质量检测部门要从所有的产品中选出一部分来进行检测，这样的方法称为抽样检测。不同的厂家或企业，检测的标准不同。

2）抽样检测的方法是什么？

AQL 是 Acceptance Quality Limit（接收质量限）的缩写，它描述的是当一个连续系列的货品被提交验收时，被允许的最差平均质量水平。AQL 的标准等级有 0.010、0.015、0.025、0.040、0.065、0.10、0.15、0.25、0.40、0.65、1.0、1.5、2.5、4.0、6.5、10、15、25、40、65、100、150、250、400、650、1000。数值越小，检测的要求越严格。

例如：某厂家一次采购了 10 000 个电容，要求该批次电容的检测标准为 AQL0.40，则对照表 2-13 可查出：需检测的样本数为 200 个，最大允许的不合格率为 2 个。如果检测的200 个电容中只有 2 个不合格，则可以接受该批次的产品；如果超过 2 个（比如 3 个），则不可接受该批次产品。

不同厂家在不同生产任务情况下，结合不同类型的采购货品，在检测时会要求不同的AQL 值。确定了抽样数之后，才能开始抽样检测。

表 2-13 AQL 抽样表格

货品数量/个	AQL0.10	AQL0.15	AQL0.25	AQL0.40	AQL0.65	AQL1.00	AQL1.50
151～280	125-0	80-0	50-0	32-0	20-0	50-0	32-1
281～500	125-0	80-0	50-0	32-0	80-1	50-1	50-2
501～1 200	125-0	80-0	50-0	125-1	80-1	80-2	80-3
1 201～3 200	125-0	80-0	200-1	125-1	125-2	125-3	125-5
3 201～10 000	125-0	315-1	200-1	200-2	200-3	200-5	200-7
10 001～36 000	500-1	315-1	315-2	315-3	315-3	315-7	315-10
36 001～150 000	500-1	500-2	500-3	500-5	500-7	500-10	500-14
150 001～500 000	800-2	800-3	800-5	800-7	800-10	800-14	800-21
＞500 000	1 250-5	1 250-7	1 250-7	1 250-10	1 250	—	—

以上是简单的一个抽样标准，根据产品的不同，企业有时候会采用严格程度不同的抽样标准，这时，就需要完整的抽样表格：MIL-STD-105E。MIL-STD-105E 是美国军队内部使用的计数抽样标准，现在被全球各大不同行业的企业所广泛使用。表 2-13 所示的 AQL 抽样表格其实是 MIL-STD-105E 中的 Ⅱ 号标准。下面是 MIL-STD-105E 的抽样表，MIL-STD-105E 样本大小字母代码表见表 2-14，MIL-STD-105E 单次普通抽样计划表见表 2-15。

表 2-14 MIL-STD-105E 样本大小字母代码表

SAMPLE SIZE CODE LETTERS							
Lot or Batch Size	General Inspection Levels			Special Inspection Levels			
	Ⅰ	Ⅱ	Ⅲ	S1	S2	S3	S4
2～8	A	A	B	A	A	A	A
9～15	A	B	C	A	A	A	A
16～25	B	C	D	A	A	B	B

（续）

SAMPLE SIZE CODE LETTERS							
Lot or Batch Size	General Inspection Levels			Special Inspection Levels			
	I	Ⅱ	Ⅲ	S1	S2	S3	S4
26 ~ 50	C	D	E	A	B	B	C
51 ~ 90	C	E	F	B	B	C	C
91 ~ 150	D	F	G	B	B	C	D
151 ~ 280	E	G	H	B	C	D	E
281 ~ 500	F	H	J	B	C	D	E
501 ~ 1 200	G	J	K	C	C	E	F
1 201 ~ 3 200	H	K	L	C	D	E	G
3 201 ~ 10 000	J	L	M	C	D	F	G
10 001 ~ 35 000	K	M	N	C	D	F	H
35 001 ~ 150 000	L	N	P	D	E	G	J
15 0001 ~ 500 000	M	P	Q	D	E	G	J
> 500 001	N	Q	R	D	E	H	K

表 2-15　MIL-STD-105E 单次普通抽样计划表

SINGLE SAMPLING PLANS FOR NORMAL IN SPECTION												
Sample Size Code Letter	Sample Size	ACCEPTABLE QUALITY LEVELS (NORMPL INSPECTOPN)										
		0	0.1	0.15	0.25	0.4	0.65	1.0	1.5	2.5	4.0	6.6
		Ao Re	Ao Re	Ao Re	Ao Re	Ao Re	Ao Re	Ao Re	Ao Re	Ao Re	Ao Re	Ao Re
A	2	↓	↓	↓	↓	↓	↓	↓	↓	↓	↓	0 1
B	3	↓	↓	↓	↓	↓	↓	↓	↓	↓	0 1	↑
C	5	↓	↓	↓	↓	↓	↓	↓	↓	0 1	↑	↓
D	8	↓	↓	↓	↓	↓	↓	↓	0 1	↑	↓	1 2
E	13	↓	↓	↓	↓	↓	↓	0 1	↑	↓	1 2	2 3
F	20	↓	↓	↓	↓	↓	0 1	↑	↓	1 2	2 3	3 4
G	32	↓	↓	↓	↓	0 1	↑	↓	1 2	2 3	3 4	5 6
H	50	↓	↓	↓	0 1	↑	↓	1 2	2 3	3 4	5 6	7 8
J	80	↓	↓	0 1	↑	↓	1 2	2 3	3 4	5 6	7 8	10 11
K	125	↓	0 1	↑	↓	1 2	2 3	3 4	5 6	7 8	10 11	14 15
L	200	0 1	↑	↓	1 2	2 3	3 4	5 6	7 8	10 11	14 15	21 22
M	315	↑	↓	1 2	2 3	3 4	5 6	7 8	10 11	14 15	21 22	↑
N	500	↓	1 2	2 3	3 4	5 6	7 8	10 11	14 15	21 22	↑	↑
P	800	1 2	2 3	3 4	5 6	7 8	10 11	14 15	21 22	↑	↑	↑
Q	1 250	2 3	3 4	5 6	7 8	10 11	14 15	21 22	↑	↑	↑	↑
R	2 000	3 4	5 6	7 8	10 11	14 15	21 22	↑	↑	↑	↑	↑

↓ =Use first sampling plan below arrow if sample size equals, or exceeds, lot or batch size, do 100% in spection

↑ =Use first sampling plan above arrow

Ao=Accepta nce number

Re=Rejection number

3）相关名词解释：

LOT——批：同样物品集在一起作为抽样的对象。

LOT SIZE——批量：组成批单位所有物品个数，称为批量。

SAMPLE——样本：从批中挑选出来参与合格判定的标本。

SAMPLING——抽样：从群体或送验批当中抽取样本。

SAMPLE SIZE——样本数：从送验批中抽取检验样本的个数。

AC——接收：合格判定个数。合格判定个数是样本中允许的最大缺点或不良数，若超过合格判定个数，则该批判定为拒收。

RE——拒绝：不合格判定个数是不合格样本中的最小缺点或不良数，若小于不合格判定个数，则该批判定为允收。

举例：某电子工厂一次采购 5 000 个电阻，要求按 AQL0.4 的标准进行检验，那么检验的步骤如下：

① 根据前面的 IQC 检验报告中的要求，确定检验计划为 MIL-STD-105E Ⅱ级。

② 再根据"样本大小字母代码表"查看到批量为 5 000 个的产品对应的字母代码是"L"。

③ 根据"单次正常抽样计划表"查到代码为"L"的抽样数应该为 200，即应该从 5000 个电阻中抽出 200 个来进行检验。

④ 根据 AQL0.4 的标准，2 为"AC"、3 为"RE"，意思是如果 200 个抽出来的样品中，如果有 2 个不合格，则视为 AC（Acceptance：接受）；如果有 3 个或者以上的样品不合格，则视为 RE（Rejection：拒绝）。

⑤ 大部分厂家认为：CR、MA、MI 三者有一个无法达到检验级别对应的要求，则该批次产品判为不合格。

做一做

根据采购合同上 5 种不同半导体器件的采购数量，遵照项目要求，按照 AQL0.4 的标准确定抽样数目和最大允许不合格数目，填入表 2-16 中。

表 2-16 半导体器件抽样实验

项目名称	参数	采购总数	AQL 值	抽样数目	最大允许不合格数目
整流二极管	2AP9		AQL0.4		
发光二极管	红、φ5mm		AQL0.4		
稳压二极管	1N4728		AQL0.4		
晶体管	9013		AQL0.4		
场效应晶体管	3DJ2D		AQL0.4		

想一想

如按 MIL-STD-105E 中的 S4 标准中的 AQL0.4 要求抽样，表中的结果会有什么改变？

6. 填写检测报告

对抽样的半导体器件进行检测，将检测结果填入 IQC 检测报告中，见表 2-17。

表 2-17　IQC 检测报告

□ 进料检测

供应商/客户：				进料日期：　　年　　月　　日　　时			
订单编号：		物品名称：			物品编号：		
送货单号：		送货箱数：			进料数量：		
适用产品：							
检验员：			检验日期 & 时间：　　年　　月　　日　　时　　分				
对料情况：							
抽检计划：MIL-STD-105E　Ⅱ级　CR =　　　MA =　　　MI =　　　样品数：　　　／							

不良级别	致命（CR）	严重（MA）	轻微（MI）				
允收数				检测仪器：			
拒收数							
实际数							

检测项目	检　验　结　果	致命	严重	轻微
包装				
外观				
规格				
材质				
电气性能				
其他项目				

本批判定：　□合格　　□不合格　　□见备注		合　计	
备注：			
IQC 组长复核：		审核：	

（续）

不合格批的评审及最终决定	
1. □拒收：在　　年　　月　　日 前补回。　数量：	评审人员签名
2. 特采:□ ①直接使用。	品管：
□ ②挑选,不良品加工使用。	PMC：
□ ③挑选,不良品退回供方。	生产：
※挑选及加工费用由供货方负责,损耗工时共　　小时,每小时15元。	厂长：
3. 其他：	其他：

项目3 其他常用器件的检测

电子产品种类繁多,但是无论哪些电子产品,都离不开一些必要的功能。例如,电子产品基本是生产出来让人们使用的,所以一般都会有开关、数码管或者是发出声音的扬声器等,那么这些器件都有些什么特性呢?这就是本项目需要完成的内容。

项目 目标与要求

- 能识别电声器件、开关和数码管。
- 会收集器件的相关资料。
- 能理解各种器件参数的含义。
- 会使用万用表对器件进行检测。

项目 工作任务

- 用万用表检测电声器件。
- 认识各种开关。
- 认识并检测数码管。

项目 情景式项目背景介绍

某电子加工厂现有一些订单,要求加工一批耳麦、桌面音箱、数字钟等小型电子产品,现已经采购一批元器件,如扬声器、送话器、开关、数码管等,请完成质量检测任务。

根据该项目内容,可分为两个步骤(任务)来完成:①检测电声器件;②开关及数码管的认识与检测。

项目 任务书

根据上述背景介绍,可以将两个任务分步骤进行并分别罗列如下:

工 作 任 务	任务实施流程
任务1 电声器件的检测	步骤1 扬声器的识别与检测
	步骤2 送话器的识别与检测
任务2 开关及数码管的认识与检测	步骤1 了解开关的外形与分类
	步骤2 了解数码管的外形与种类
	步骤3 数码管的检测

任务1 电声器件的检测

学习目标

1. 认识各种微型的电声设备。
2. 掌握测量微型扬声器的方法。
3. 掌握测量驻极体送话器的方法。

工作任务

1. 微型扬声器的测量。
2. 驻极体送话器的测量。

[任务实施]

学一学

1. 扬声器

扬声器（Speaker）：俗称喇叭，是音视频电路中较常见的器件。在音响系统、电视机等电器中经常被使用。

扬声器的外形多种多样，大小各异，如图3-1所示。

图3-1 部分扬声器的外形

（1）扬声器的分类 扬声器的分类见表3-1。

表 3-1　扬声器的分类

按转换原理分	电磁式、电动式、静电式、压电式等
按振膜形状分	锥盆式、平板式、带式、球顶式等
按工作频带分	低音扬声器、中音扬声器、高音扬声器等

（2）扬声器的结构和电路符号　电动式扬声器是目前应用最为广泛的一种扬声器，采用的是电→力→声的能量转换方式。将变化的电量通过电磁感应变为磁场能，磁场拉动音圈，音圈带动纸盆或者鼓膜来振动空气发声。电动式扬声器的结构和电路符号如图 3-2 所示。

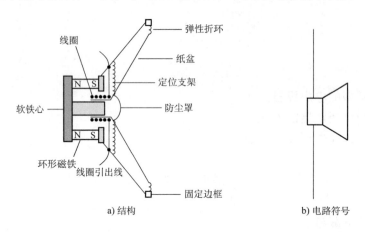

图 3-2　电动式扬声器的结构和电路符号

（3）扬声器的参数

1）外形尺寸。扬声器的标准尺寸通常用盆架的最大直径来表示。口径越大的扬声器在处理低音方面越有优势。

2）额定阻抗。额定阻抗指扬声器在某一特定频率工作时，在输入端测得的阻抗值。常见的阻抗大小有 4Ω、5Ω、8Ω、16Ω、32Ω 等。

3）额定功率。扬声器的额定功率不是指扬声器产生的声音功率，而是指扬声器从前级功率放大电路获得的电功率。扬声器从前级获得的功率只有极少一部分转换成声音功率，其他大部分都转为热能被消耗掉。扬声器输出的声音功率和它输出这些声音功率所消耗的电功率的比值称为扬声器的效率。扬声器的额定功率一般标注在扬声器背面或者铭牌上，单位为瓦。

4）频率响应范围。扬声器所能发出的声音频率界限就是扬声器的频率响应范围。人的听力范围正常情况下为 20Hz～20kHz，所以希望扬声器发出的声音能涵盖人耳的听力极限，但这样通常只是理想状态，实际中很难达到。一般的扬声器能达到 50～18 000Hz 就非常不错了。

（4）扬声器的测量

1）先测量扬声器的等效阻值。将万用表拨到欧姆档的最小档位，以微型扬声器为例直接测量其阻值，可发现两个微型扬声器的阻值都小于 32Ω，如图 3-3a 所示。证明扬声器没有老化，如果老化，内阻会变大。

2）再用蜂鸣档对扬声器做进一步检验，接上扬声器后，蜂鸣档蜂鸣，万用表表头上显示一个较小的读数，如图 3-3b 所示，则证明扬声器是完好的。如果没有蜂鸣，或者万用表表头显示"OL"，则内部线圈断线，阻值为无穷大。

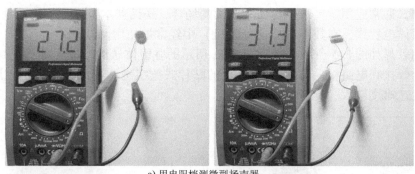

a) 用电阻档测微型扬声器

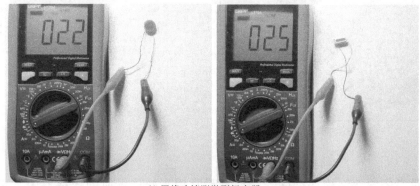

b) 用蜂鸣档测微型扬声器

图 3-3　微型扬声器的测量

2. 蜂鸣器

蜂鸣器（Buzzer）是一个简单的发声装置，工作原理与扬声器相似，分为压电式蜂鸣器和电磁式蜂鸣器两类，广泛应用于各种仪器仪表、电子玩具、定时器中。蜂鸣器只能发出一个频率的声音，不管输入信号是什么频率，只要输入信号的电压高于蜂鸣器的额定电压，蜂鸣器就会发出蜂鸣声。蜂鸣器的电阻一般为 16Ω 左右。如果使用万用表的欧姆档检测蜂鸣器发现其阻值无穷大，或者听不到因万用表表笔间电流流过而发出的"咯咯"声，则说明蜂鸣器损坏。

蜂鸣器的外形种类也比较多，如图 3-4 所示。

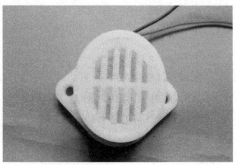

图 3-4　部分蜂鸣器的外形

3. 送话器

送话器（MIC）俗称话筒，音译为麦克风，是一种声→电换能器件，分为动圈式和静电式两种。动圈式通常应用于传送声音功率较大的场合，送话器本身体积也较大；静电式中最常用的是驻极体电容式，在数码产品（如手机）中经常被使用。

送话器的外形如图3-5所示，其中图3-5a所示的驻极体送话器最为常见，是接触式的，没有焊点可供焊接在电路板上；图3-5b所示的贴片式数字送话器最近也开始应用，为BGA封装，焊接工艺难度较大，价格也较昂贵。

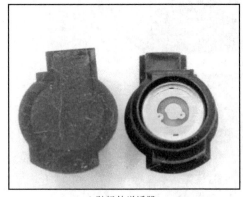
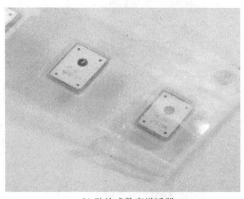

a) 驻极体送话器　　　　　　　　　　　　　　　　　b) 贴片式数字送话器

图3-5　送话器的外形

（1）送话器的内部结构　动圈式送话器最常用于娱乐场所的送话器中，它体积较大，振膜的面积也较大，所以对声音的振动感应较好，它的结构如图3-6a所示。驻极体送话器一般用于手机等体积较小的通信终端设备中，它的结构如图3-6b所示。

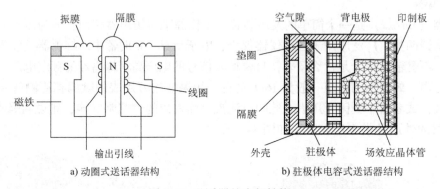

a) 动圈式送话器结构　　　　　　　　　　　b) 驻极体电容式送话器结构

图3-6　送话器的内部结构

（2）驻极体送话器的连接方式　驻极体送话器内部静电容量很小，输出信号强度很微弱，通常用一个场效应晶体管和一个二极管（二极管被集成在场效应晶体管内）结合在一起，驻极体送话器内部电路有四种连接方式，如图3-7所示。

测一测

驻极体送话器的检测如图3-8所示。

1）将万用表调至电阻200Ω档。

2）如图3-8所示，将红、黑表笔分别与送话器的正、负极接好。

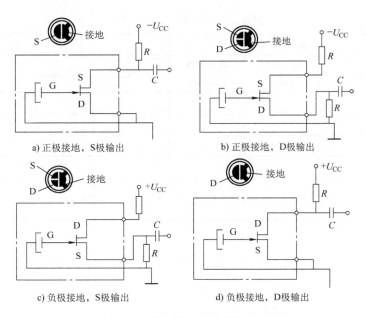

a) 正极接地，S极输出　　　　b) 正极接地，D极输出

c) 负极接地，S极输出　　　　d) 负极接地，D极输出

图 3-7　驻极体送话器内部电路

注意：大面积铜片或者接到外壳的是地。

3）注意此时万用表的读数。

4）用力对送话器吹气，一边观察万用表上数字的变化。

5）如果读数在吹气时变动很大，然后返回原读数，说明送话器能正常工作；如果数字不动，说明送话器老化或者损坏。

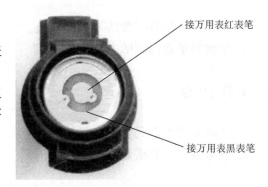

图 3-8　驻极体送话器的检测

学一学

送话器的参数：

（1）**灵敏度**　当给予送话器一定的声压时，在其输出端输出的电压值即为灵敏度，单位为 dBV/Pa。由于制作方面的原因，即使是同一型号和类型的送话器，灵敏度也会不一样。国产送话器的灵敏度分为四档：红、蓝、绿、白四种。其中，红色灵敏度最高，白色灵敏度最低。灵敏度的选择要根据实际情况及周围环境而定，并非越高越好。

（2）**输出阻抗**　送话器的输出阻抗一般为 20～20 000Ω。

（3）**指向性**　送话器大致有三种指向性：全指向性、单指向性、双指向性。其中，全指向性送话器对所有方向来的声音都进行处理；单指向性送话器只对正对自己的声音进行处理；双指向性送话器对正前及正后方的声音处理最好。

做一做

根据项目要求，检测采购回来的扬声器和送话器，并将检测结果填入表3-2中。

表 3-2　电声器件的检测实验

| 项目 | 扬　声　器 | | | 送　话　器 | | |
序号	阻值/Ω	蜂鸣情况 （是/否）	质量判断 （好/坏）	正向阻值	反向阻值	质量判断 （好/坏）
1						
2						
3						
4						
5						
6						

任务 2　开关及数码管的认识与检测

学习目标

1. 认识开关与数码管的外形和种类。
2. 掌握测量数码管的方法。

工作任务

1. 了解开关和数码管的内部结构。
2. 测量数码管的质量。

[任务实施]

学一学

1. 开关的外形、种类和参数

（1）开关的外形　部分开关的外形如图 3-9 所示。

（2）开关的分类　如果按照开关的外形或者在电路中的作用来分类，可分为图 3-9 所示 11 种；如果按照开关的工作原理来分类，可以将上述 11 种开关分为下列两类：

1）单刀单掷、多刀多掷开关：通常情况下，开关由两个触点构成，一个为静触点，另一个为动触点。若一个开关只有一个动触点且该动触点只能和唯一的静触点相连通，称这种开关为单刀单掷开关。若一个动触点可以有选择地和两个静触点中的某一个相连通，称这种开关为单刀双掷开关。依次类推，可以生产出多刀多掷开关。例如图 3-9a 中的拨动开关，可以是单刀双掷，也可以是双刀双掷的。

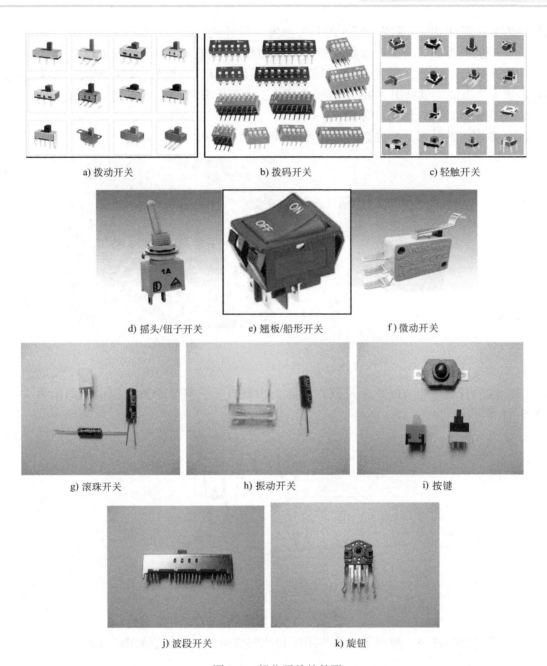

a) 拨动开关　　　　　　b) 拨码开关　　　　　　c) 轻触开关

d) 摇头/钮子开关　　　e) 翘板/船形开关　　　f) 微动开关

g) 滚珠开关　　　　　　h) 振动开关　　　　　　i) 按键

j) 波段开关　　　　　　k) 旋钮

图 3-9　部分开关的外形

2）锁定/非锁定式开关：锁定式开关为交替式，按一下开关则闭合并且自己保持闭合状态，再按一下开关就断开，由于能稳定保持闭合或者断开的状态，所以称为锁定式开关。例如图 3-9e 中的翘板开关就是锁定式的开关。

非锁定式开关为往复式，按下去的时候开关闭合/断开，松开手的时候开关又恢复到原来的状态，由于无法自己保持住状态，所以称为非锁定式。例如图 3-9f 中的微动开关就是属于非锁定式开关。

非锁定式开关在没有按下的时候必须有一种状态，那种状态称为"常态"，常态为闭合的开关称为"常闭式"，常态为断开的开关称为"常开式"。

（3）开关的参数　开关的参数有额定电压和额定电流。开关的额定电压和额定电流一般标注在开关的封装上，表明了开关所能承受的最大电压和电流值，超过此值，开关会损坏甚至造成安全事故。例如图 3-9d 中的摇头开关，上面标有"1A"的额定电流值。

2. 数码管的外形、结构和种类

（1）数码管的外形　常见数码管的外形如图 3-10 所示。

a) 普通7段数码管

b) 电路板中的数码管

图 3-10　常见数码管的外形

（2）数码管的结构　LED 七段数码管加上小数点，一共 8 个发光段，分别记为 a ~ g，如图 3-11 所示。

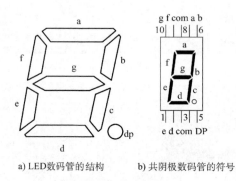
a) LED数码管的结构　　　b) 共阴极数码管的符号

图 3-11　常见数码管的结构及符号

（3）数码管的种类　数码管分为共阴极和共阳极两种，其区别如图 3-12 所示。

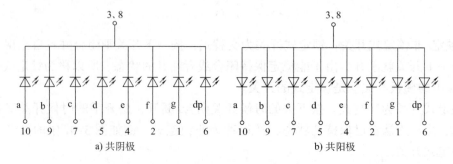
a) 共阴极　　　　　　　　　　　　　　b) 共阳极

图 3-12　两种数码管的内部连接方式

(4) 数码管的命名 不同公司生产的 LED 数码管的型号名称并不相同，但还是可以从命名中看出极性及数码管的发光颜色，方法如下：

例：

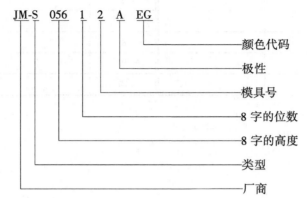

第 1 部分：JM 表示生产厂商。

第 2 部分：S 表示数码管。

第 3 部分：056 表示 8 字的高度为 0.56in（1in = 0.0254m），150 表示高度为 150in。

第 4 部分：1 表示只有 1 位 8 字，2 表示有 2 位 8 字，4 表示有 4 位 8 字。

第 5 部分：表示模具号。

第 6 部分：表示极性。A、C、E 等表示共阴极数码管；B、D、F 等表示共阳极数码管。

第 7 部分：表示发光的颜色。R 表示红色；H 表示高亮红；S 表示超高亮红；G 表示黄绿；PG 表示纯绿；E 表示橙红；Y 表示黄色；B 表示蓝色；EG 表示橙红双色；HG 表示高亮红双色。

测一测

测试数码管的步骤：

1）将稳压电源电压输出设置为 3V。

2）将数码管上的数字放正，面对自己。

3）将两排（各五个管脚）的中间那个管脚接稳压电源的负极。

4）用稳压电源的正极触碰其他管脚，看是否有灯管发亮，如果有，说明该数码管是共阴极数码管。

5）如果没有发亮，可以互换电源正负极再试，如果互换后灯管发亮，说明该数码管是共阳极数码管。

6）如果依次触碰完除了中间两个脚（3、8 脚）的其他各个管脚，灯管都亮，说明数码管是好的。

7）如果有的亮，有的不亮，说明数码管损坏。

8）如果灯管亮度微弱，说明数码管老化。

做一做

根据项目要求，检测采购回来的数码管，并将检测结果填入表 3-3。

表 3-3　数码管的检测实验

序号	极性(共阴/共阳)	质量判别(好/坏)	序号	极性(共阴/共阳)	质量判别(好/坏)
1			6		
2			7		
3			8		
4			9		
5			10		

项目4 贴片元器件的识别

通过前面三个项目的学习，大家都对电子产品中的插件式电子元器件有了一些基本了解。但是除了插件式电子元器件，还有很多贴片的电子元器件也广泛存在于各种电子产品当中。贴片电子元器件相对于插件式电子元器件来说，第一个也可以说是最大的优势就在于它的体积小，可以为电路节省大量物理空间。大部分消费者认为，时尚的电子产品，体积越小，越能显示出产品的精巧，所以无论是商家还是客户，对某些电子产品的体积上的要求，已经近乎苛刻。在这种环境下，贴片元器件得到了迅猛的发展，已经形成了取代插件式元器件的趋势。第二个优势，就是贴片元器件的安装已经实现了全自动化。全自动化意味着生产效率的提高、产量的提高以及生产成本的降低。只有高产能才能满足人民群众日益提高的消费能力。所以，贴片元器件已经成了大多数数码产品的选择。那么到底什么是贴片元器件呢？它们有什么样的特点呢？下面来为大家一一解答。

项目 目标与要求

- 能识别贴片电阻、电容、电感及其他常见的贴片元器件。
- 能识别各大品牌芯片及其封装类型。

项目 工作任务

- 认识各种贴片元器件。
- 认识其他常见的贴片分立器件。
- 认识各种常见的贴片芯片。

项目 情景式项目背景介绍

某大型电子厂现要执行生产任务，要求领料员到仓库按照领料单的要求，紧急领取领料单上规定的贴片元器件及芯片用于生产。现在假设你是该工厂的领料员，请你按时并顺利完成该项任务。KC－368G 电源板贴片元器件定额领料清单见表4-1。

表 4-1　KC-368G 电源板贴片元器件定额领料清单

序号	材料名称	规格	数量	封装	应发	实发	领料员	日期	退料	日期	损耗	备注
1	电路板	GKH8.368G	1		10							
2	集成块	BQ2057WTS	1	TSSOP8	10							
3	场效应晶体管	AO3401/G2305	2	SOT-23	20							
4	音频 IC	ST333IS	1	CSP	10							
5	二极管	SS14	2	DO-214AC	20							
6		1N4148	1	LL34	10							
7	贴片发光管	高亮翠绿	1	0805 封装	10							
8		高亮红光	1		10							
9	贴片电容	10μF/10V	2	1206	20							
10	贴片电阻	0.2Ω	1	0805	10							
11		510Ω	1	0603	10							
12		1kΩ	3		30							
13		10kΩ	1		10							
14		12kΩ	1		10							
15		82kΩ	1		10							
16		100kΩ	1		10							

SMT 订单号：000000041　　　　　　COB 订单号：　　　　　　数量：

制单：　　　　　　　　　　　　　　　　　　　　　　计划：

生产部：　　　　　　供应部：　　　　　　工程部：

根据该项目内容，可分为三个任务来完成：①贴片电阻、电容、电感的识别；②其他常见贴片元器件的识别；③各种常见贴片 IC 的识别。

项目 任务书

根据上述背景介绍，可以将三个任务分步骤进行并分别罗列如下：

工作任务	任务实施流程
任务 1　贴片电阻、电容、电感的识别	步骤 1　贴片电阻的识别
	步骤 2　贴片电容的识别
	步骤 3　贴片电感的识别
任务 2　其他常见贴片元器件的识别	步骤 1　贴片二极管、晶体管的识别
	步骤 2　晶体、晶振等器件的识别
任务 3　各种常见贴片 IC 的识别	步骤 1　认识各种封装
	步骤 2　各大品牌芯片介绍

任务1　贴片电阻、电容、电感的识别

学习目标

1. 认识各种贴片电阻。
2. 认识各种贴片电容。
3. 认识各种贴片电感。

工作任务

1. 了解贴片电阻的外形、规格及封装。
2. 了解贴片电容的外形、规格及封装。
3. 了解贴片电感的外形、规格及封装。

［任务实施］

学一学

1. 贴片电阻

贴片电阻（Chip Resistor）也叫"片式固定电阻"或者"矩形片状电阻"，有耐潮湿、耐高温、外形尺寸规范、阻值精确、温度系数小等特点，是电路中最常见的贴片元器件，在各种数码电子产品中被广泛使用。

贴片电阻的外形多为矩形，也有圆柱形，大小各异，如图4-1所示。

图4-1　部分贴片电阻的外形

（1）贴片电阻的分类　贴片电阻的分类见表4-2。

表4-2　贴片电阻的分类

按功能分类	贴片厚膜电阻、贴片薄膜电阻、贴片碳膜电阻、贴片金属膜电阻、贴片电位器、贴片热敏电阻、贴片压敏电阻等
按形状分类	矩形贴片、圆柱形贴片、异形贴片

（2）贴片电阻的结构和电路符号　贴片电阻在电路中的作用及其电路符号和前面讲过的插件式电阻基本相同，但是其物理结构和插件式电阻的差别较大。贴片电阻由陶瓷基片、背电极、面电极、电阻体、一次玻璃、二次玻璃、端电极、中间电极、外部电极这九个部分构成，其结构与尺寸如图4-2所示。

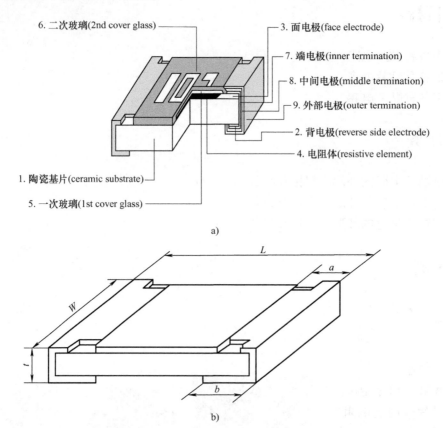

图4-2　贴片电阻的结构与尺寸

（3）贴片电阻的基本参数

1）外形尺寸。矩形贴片电阻的常见封装有九种，见表4-3。

表4-3　矩形贴片电阻封装规格及尺寸

英制（in）规格代号	公制（mm）规格代号	长 L/mm	宽 W/mm	高 t/mm	a/mm	b/mm	额定功率/W（70℃）	最高工作电压/V
0201	0603	0.60±0.05	0.30±0.05	0.23±0.05	0.10±0.05	0.15±0.05	1/20	25
0402	1005	1.00±0.10	0.50±0.10	0.30±0.10	0.20±0.10	0.25±0.10	1/16	50
0603	1608	1.60±0.15	0.80±0.15	0.40±0.10	0.30±0.20	0.30±0.20	1/10	50
0805	2012	2.00±0.20	1.25±0.15	0.50±0.10	0.40±0.20	0.40±0.20	1/8	150
1206	3216	3.20±0.20	1.60±0.15	0.55±0.10	0.50±0.20	0.50±0.20	1/4	200
1210	3225	3.20±0.20	2.50±0.20	0.55±0.10	0.50±0.20	0.50±0.20	1/3	200
1812	4832	4.50±0.20	3.20±0.20	0.55±0.10	0.50±0.20	0.50±0.20	1/2	200

（续）

英制（in）规格代号	公制（mm）规格代号	长 L/mm	宽 W/mm	高 t/mm	a/mm	b/mm	额定功率/W（70℃）	最高工作电压/V
2010	5025	5.00±0.20	2.50±0.20	0.55±0.10	0.60±0.20	0.60±0.20	3/4	200
2512	6432	6.40±0.20	3.20±0.20	0.55±0.10	0.60±0.20	0.60±0.20	1	200

注：表中 in 指的是英寸，1in≈2.54cm，表格左上角的"0201"的意思是 0.02in×0.01in，即约等于 0.6mm×0.3mm，即公制（mm）栏下的"0603"。表中的"L、W、t、a、b"见图 4-2。

由上述内容可知，贴片元器件的规格一般就是用它的尺寸大小来代表的，适用于常见的贴片电阻和电容，而比较少用到的电感、二极管、晶闸管等因产量小，外形也不太统一。

2）标称值与误差。和插件式电阻一样，贴片电阻也有不同的准确度系列。根据国际电工委员会（IEC）1948 年的规定，按不同的指数间距（Exponential Spacing），电阻被分为 E6、E12、E24、E48、E96 及 E192 共 6 个等级，其对应准确度见表 4-4。

表 4-4　不同系列电阻对应的阻值准确度

E 系列	E6	E12	E24	E48	E96	E192
对应准确度（允许误差）	±20%	±10%	±5%	±2%	±1%	±0.5%

常用的电阻一般为 E24 系列和 E96 系列两种。

3）额定功率。贴片电阻在电路中因阻碍电流流动而产生的热量要消耗到电路周围的空间中去，所以其额定功率的大小跟该电阻的体积、材料、形状等因素都有相应关系。总的来说，体积越大的电阻，表面积越大，散热越快，则功率也相应越大。由表 4-3 可知：尺寸最小的电阻 0201 的额定功率为 1/20W，而尺寸最大的电阻 2512 的功率却能达到 1W。

4）最高额定电压。贴片电阻的最高额定电压与插件式电阻稍有不同，插件式电阻的额定电压基本是业界统一规定了的，一般不会随生产厂家不同而改变，但是贴片电阻的最高额定电压却会因厂家、原材料和生产工艺的不同而不同，所以表 4-3 中给出的额定电压值仅供参考。

（4）贴片电阻的命名　电阻的命名方法因各厂家原因稍有不同，现以两个厂家的命名方式为例来介绍：先看"国巨公司"生产的常规贴片电阻的命名方法，见表 4-5。

表 4-5　贴片电阻命名方法之一

	××××	×	×	×	××	××××	L
RC	封装： 0201 0402 0603 0805 1206 1210 1812 2010 2512	准确度： F 表示1% J 表示5%	包装： R 表示纸编带	温度系数：根据规格书	编带大小： 07 表示7in 10 表示10in 13 表示13in	阻值： 比如 5R6、56R、 560R、56k、1M	终端类型： L 表示无铅

例：命名为 RC0402FR-0756RL 型号的贴片电阻，那么它的详细参数究竟如何呢？

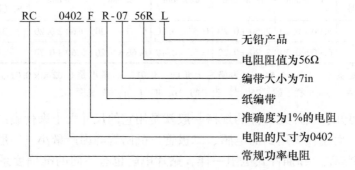

RC 0402 F R-07 56R L
　　　　　　　　　　　└─ 无铅产品
　　　　　　　　　└─ 电阻阻值为56Ω
　　　　　　　└─ 编带大小为7in
　　　　　└─ 纸编带
　　　└─ 准确度为1%的电阻
　　└─ 电阻的尺寸为0402
　└─ 常规功率电阻

再来看广东"风华高科"生产的常规贴片电阻的命名方法，见表4-6。

表4-6　贴片电阻命名方法之二

	×	× ×	×	× × × ×	×	×
R	额定功率： C 表示常规功率 S 表示提升功率	封装： 01 表示 0201 02 表示 0402 03 表示 0603 05 表示 0805 06 表示 1206 1210 表示 1210 1812 表示 1812 10 表示 2010 12 表示 2512	温度系数： W 表示 200ppm U 表示 400ppm K 表示 100ppm L 表示 250ppm	阻值标识： 比如 5R6、561、 5601、562、1004	准确度： D 表示 0.5% F 表示 1% J 表示 5%	包装： T 表示编带包装 B 表示塑料盒包装 C 表示塑料袋散装

比如 RC03L5601FT：常规功率，封装0603，250ppm，5.6kΩ，1%，编带包装

注：ppm 表示百万分之一，通常写成 10^{-4}% 或 10^{-6} 的形式。

例：命名为 RC03L5601FT 型号的贴片电阻，那么它的详细参数究竟如何呢？

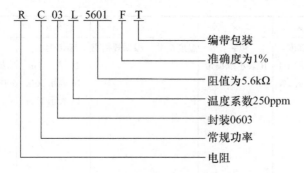

R C 03 L 5601 F T
　　　　　　　└─ 编带包装
　　　　　└─ 准确度为1%
　　　└─ 阻值为5.6kΩ
　　└─ 温度系数250ppm
　└─ 封装0603
　└─ 常规功率
　└─ 电阻

（5）贴片电阻的标识方法　贴片电阻的标识方法有两种：数字标识法、色码标识法。它们都有自己的代码表示方式。

1）数字标识法。数字标识法是国际上目前较流行的标识方法，指的是在贴片电阻的上面直接用丝印印上一些数字和字母，根据这些数字或者字母，能直接读出该电阻的标称值，但该方法的缺点是无法直接读出误差范围。数字标识法标识的贴片电阻如图4-3所示。

图 4-3　数字标识法标识的贴片电阻

一般来说，电阻上显示总共有三位数字或者字母的，都是应用于 E24 系列的电阻，如图 4-3 中的"391""270""158"三个电阻。如果是总共显示有四位数字或者字母的，一般为 E96 系列的电阻，显然这相对于 E24 系列来说属于精密电阻，所以标识的位数要多一位，图 4-3 中剩下的都是 E96 系列。不同系列的电阻值的准确度可以对应查询表 4-4。

不管是三位还是四位数字或者字母，读数的方法都有规律可循，下面先来看三位的情况。总结来说分为如下几种：

① ×R×，例如 3R6、5R6、8R2 等。

② R××，例如 R22、R51、R91 等。

③ ×K×，例如 4k7、3k3、1k2 等。

④ ×××，例如 391、158、270 等。

①、②中的"R"其实只能代表一个小数点，并且读出来的数字最终单位是欧姆。①的三个电阻阻值分别为 3.6Ω、5.6Ω、8.2Ω。②的三个电阻阻值分别为 0.22Ω、0.51Ω、0.91Ω。③中的"k"也可以当作小数点，但是最终读数后应该以"千欧"为单位，所以③的三个电阻阻值分别为 $4.7k\Omega$、$3.3k\Omega$、$1.2k\Omega$。④中的情况最复杂，前面两位数字应该作为有效数字，中间没有任何小数点，最后一位数字作为 10 的指数，读出来的最终数字后面带的单位也是欧姆：

391 表示 $39\times10^1\Omega=390\Omega$。

158 表示 $15\times10^8\Omega=1500000000\Omega=1500M\Omega$。

270 表示 $27\times10^0\Omega=27\Omega$。

四位数字或者字母的一般应用于 E96 系列的电阻，基本方法和上面的三位数字或者字母的一样，下面以图 4-3 中的几个电阻为例来说明：

8R20 表示 8.20Ω。

30R9 表示 30.9Ω。

5102 表示 $510\times10^2\Omega=51k\Omega$。

E96 系列的贴片电阻上，有些还采用乘数代码（Multiplier Code）表示方法，见表 4-7。

表 4-7　乘数代码表

代码	数字	代码	数字	代码	数字	代码	数字	代码	数字	倍	率
01	100	11	127	21	162	31	205	41	261	A	0
02	102	12	130	22	165	32	310	42	267	B	1
03	105	13	133	23	169	33	215	43	274	C	2
04	107	14	137	24	174	34	221	44	280	D	3
05	110	15	140	25	178	35	226	45	287	E	4
06	113	16	143	26	182	36	232	46	294	F	5
07	115	17	147	27	187	37	237	47	301	G	6
08	118	18	150	28	191	38	243	48	309	H	7
09	121	19	154	29	196	39	249	49	316	X	−1
10	124	20	158	30	200	40	255	50	324	Y	−2
										Z	−3

代码	数字	代码	数字	代码	数字	代码	数字	代码	数字
51	332	61	422	71	536	81	681	91	866
52	340	62	432	72	549	82	698	92	887
53	348	63	442	73	562	83	715	93	909
54	357	64	453	74	576	84	732	94	931
55	365	65	464	75	590	85	750	95	953
56	374	66	475	76	604	86	768	96	976
57	383	67	487	77	619	87	787		
58	392	68	499	78	634	88	806		
59	402	69	511	79	649	89	825		
60	412	70	523	80	665	90	845		

例如：01B 中的 "01" 是代码，对应的是 "100"；"B" 是倍率，对应的是 "1"。则有 01B 表示 $100 \times 10^1 \Omega = 1000\Omega = 1k\Omega$。再有 02C 中的 "02" 是代码，对应的是 "102"，"C" 是倍率，对应的是 "2"，则有 02C 表示 $102 \times 10^2 \Omega = 10.2k\Omega$。

2）色码标识法。色码标识法主要用于外形较小、表面不平整的贴片电阻中。通常在电阻上印上彩色的线条或者圆点，用不同的颜色表示不同的数值，如图 4-4 所示。其代码表示方法通常是在贴片电阻上印上电阻值及表示准确度的字母，这两种方法都不常见。

色码标识法及其代码表示法所表示的电阻值对照表见表 4-8。

图 4-4　色环贴片电阻

表 4-8　色码标识法及其对应代码表

色码	有效数字	幂指数	允许误差	误差代码
棕	1	10^1	±1%	F
红	2	10^2	±2%	G
橙	3	10^3	—	
黄	4	10^4	—	
绿	5	10^5	±0.5%	D
蓝	6	10^6	±0.2%	C
紫	7	10^7	±0.1%	B
灰	8	10^8	±0.05%	A
白	9	10^9	—	
黑	0	10^0	—	
金	—	10^{-1}	±5%	J
银	—	10^{-2}	±10%	K
无色码	—	—	±20%	M

例 1：如果一个贴片电阻上印着 "222J"，按照数字标识法，应该如何去读？

解：222 表示 $22 \times 10^2 \Omega = 2200\Omega$

$J = \pm 5\%$，误差为 $2200 \times (\pm 5\%)\Omega = \pm 110\Omega$。

所以，222J 的电阻阻值应该为 $2090 \sim 2310\Omega$。

例 2：如图 4-4 所示，一个标着金、棕、棕、绿颜色的贴片色环电阻怎么读？

解：首先要确定颜色的顺序，色条较粗的放在最后当误差或者幂指数来读，金色和银色只能作为误差，必须放到最后。所以正确的顺序应该是 "绿、棕、棕、金"，按照表 4-8 所示，对应为 $51 \times 10^1 \Omega = 510\Omega$，误差为 $\pm 5\%$ 的电阻。

数字标识法和色码标识法由于个人识别颜色能力的差异或者理解差异，很容易出现"误读"的情况，现在已经较少使用了，所以在使用前如果不放心读数是否正确，还是应该仔细测量一下。

2. 贴片电容

通常所说的"贴片电容（Multi-layer Ceramic Capacitors）"，指的是最常用的陶瓷类固定电容，也叫"多层""积层"或者"叠层"片式电容，简称 MLCC。它是在若干片陶瓷薄膜坯上被覆电极材料，叠合后一次烧结成为一块不可分割的整体，外面再用树脂封装而成的。贴片电容具有小体积、大容量、Q 值高、可靠性高且耐高温等优点。它在电路中的主要作用有旁路、滤波、耦合、去耦合、储能等，是电路中最常见的贴片元器件之一。

贴片电容的外形多为矩形，也有圆柱形，大小各异，如图 4-5 所示。图 4-5a、b 为普通的陶瓷类固定电容，图 4-5c 为钽电解电容，图 4-5d 为铝电解电容。

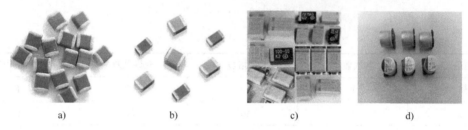

a)　　　　　　b)　　　　　　c)　　　　　　d)

图 4-5　部分贴片电容的外形

（1）贴片电容的分类　贴片电容一般分为陶瓷电容（无极性）和电解电容（有极性）两种。

1）陶瓷电容是一种电容值相对固定的无极性电容。美国电工协会（EIA）把 MLCC 按照温度稳定性分成三类：超稳定级（Ⅰ类）的介质材料为 COG（大多为黄色）或者 NPO；稳定级（Ⅱ类）的介质材料为 X7R（大多为灰色）；能用级（Ⅲ类）的介质材料为 Y5V。

① Ⅰ类属于高频电容，电容量非常稳定，几乎不随着时间、温度和外加电压的变化而变化，主要应用于高频电子线路（振荡、计时电路等），其容量准确度主要为 ±5%。

② Ⅱ类属于中频电容，电容量相对稳定，适用于旁路、耦合、滤波电路，其容量准确度大约为 ±10%。

③ Ⅲ类属于低频电容，电容量会因温度、时间、外加电压的变化而有较大变化，一般适用于各种滤波电路，其容量准确度为 ±20%。

2）电解电容是一种电容值相对固定的有极性的电容，介质为电解质，可以是液态或者固态。它的引脚导电涂层有极性，阳极（正极）接外电源的高电平端；阴极（负极）接外电源的低电平端，不可反接，否则会损坏电容。常见的有固态铝电解电容（见图 4-5d）和钽电解电容（见图 4-5c）。

注意：有横线或者涂色标志的为电解电容的负极。

① 液态的铝电解电容特点：有介质损耗，容量误差大，耐高温性能差，存放久了容易失效。

② 固态的铝电解电容特点：阻抗低、高低温下稳定，适合低电压高电流环境下使用。

③ 钽电解电容特点：损耗小、漏电小，在要求极高的电路中替代铝电解电容。

（2）贴片电容的结构和电路符号　贴片电容在电路中的作用及其电路符号和前面讲过的插件式电容基本相同，但是其物理结构和插件式电容差别较大。贴片电容的结构如图 4-6 所示。

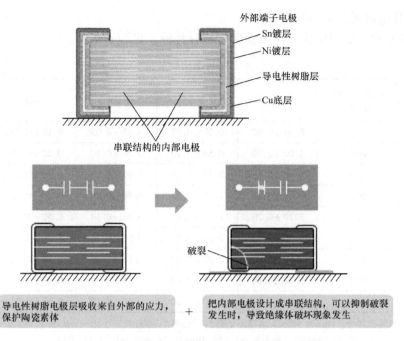

外部端子电极
Sn镀层
Ni镀层
导电性树脂层
Cu底层

串联结构的内部电极

破裂

导电性树脂电极层吸收来自外部的应力，保护陶瓷素体　　＋　　把内部电极设计成串联结构，可以抑制破裂发生时，导致绝缘体破坏现象发生

a) 叠层片式电容的内部结构

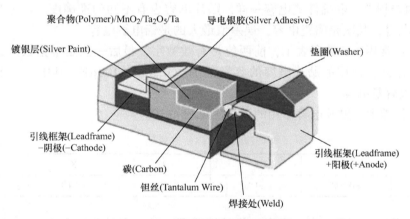

聚合物(Polymer)/MnO₂/Ta₂O₅/Ta
导电银胶(Silver Adhesive)
镀银层(Silver Paint)
垫圈(Washer)
引线框架(Leadframe)
－阴极(－Cathode)
碳(Carbon)
钽丝(Tantalum Wire)
焊接处(Weld)
引线框架(Leadframe)
＋阳极(＋Anode)

b) 钽电解电容的内部结构

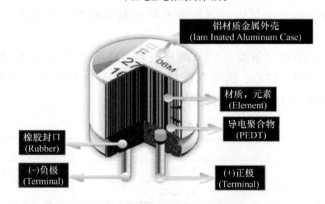

铝材质金属外壳
(Iam Inated Aluminum Case)
材质，元素
(Element)
导电聚合物
(PEDT)
橡胶封口
(Rubber)
(－)负极
(Terminal)
(＋)正极
(Terminal)

c) 铝电解电容的内部结构

图 4-6　贴片电容的结构

93

（3）贴片电容的基本参数

1）外形尺寸。矩形贴片电容的常见封装有九种，见表4-9。

表4-9　矩形贴片电容封装规格及尺寸

英制（in）规格代号	公制（mm）规格代号	长 L/mm	宽 W/mm	高 t/mm	a/mm	b/mm
0201	0603	0.60 ± 0.05	0.30 ± 0.05	0.23 ± 0.05	0.10 ± 0.05	0.15 ± 0.05
0402	1005	1.00 ± 0.10	0.50 ± 0.10	0.30 ± 0.10	0.20 ± 0.10	0.25 ± 0.10
0603	1608	1.60 ± 0.15	0.80 ± 0.15	0.40 ± 0.10	0.30 ± 0.20	0.30 ± 0.20
0805	2012	2.00 ± 0.15	1.25 ± 0.15	0.50 ± 0.10	0.40 ± 0.20	0.40 ± 0.20
1206	3216	3.20 ± 0.20	1.60 ± 0.15	0.55 ± 0.10	0.50 ± 0.20	0.50 ± 0.20
1210	3225	3.20 ± 0.20	2.50 ± 0.20	0.55 ± 0.10	0.50 ± 0.20	0.50 ± 0.20
1812	4832	4.50 ± 0.20	3.20 ± 0.20	0.55 ± 0.10	0.50 ± 0.20	0.50 ± 0.20
2010	5025	5.00 ± 0.20	2.50 ± 0.20	0.55 ± 0.10	0.60 ± 0.20	0.60 ± 0.20
2512	6432	6.40 ± 0.20	3.20 ± 0.20	0.55 ± 0.10	0.60 ± 0.20	0.60 ± 0.20

注：表中 in 指的是英寸，1in≈2.54cm，表格左上角的"0201"的意思是 0.02in×0.01in，约等于 0.6mm×0.3mm，即公制（mm）栏下的"0603"。表中的"a、b"指的是元件焊接用的引脚的宽度。

2）容值与误差。和插件式电容一样，贴片电容也有不同的准确度。一般来说，准确度最高的是钽电容，其次是陶瓷电容，误差值最大的是铝电解电容。

① 容值：常用3位数字表示，前两位是有效数字，最后一位是幂指数，这种算法的最后单位一般是 pF。常用的贴片电容的容量范围为 0.5pF～100μF，其中，一般认为容量在 1μF 以上为大容量电容。

② 常用误差值：贴片电容常用的误差值见表4-10。

表4-10　贴片电容常用误差值

误差代号	D	F	J	K	M
误差值	±0.5%	±1%	±5.0%	±10%	±20%

3）温度系数。陶瓷电容在温度变化的情况下，其电容量会发生变化，在每变化1℃的时候，电容的容值量的相对变化值，就是该电容的温度系数，该值越小，电容的电容值越稳定。

例：前面讲过的能用级（Ⅲ类）Y5V 陶瓷电容，对应表4-11查询出来的结果就是该电容的工作温度范围为 -30～85℃，温度系数是 22%～82%。如果是（Ⅱ类）X7R 陶瓷电容，其工作温度范围是 -55～125℃，温度系数是 ±15%。

表4-11　陶瓷贴片电容的温度系数

低　温	高　温	容量变化
X：-55℃	4：65℃	A：±1.0%
Y：-30℃	5：85℃	B：±1.5%
Z：10℃	6：105℃	C：±2.2%

（续）

低　　温	高　　温	容量变化
	7：125℃	D：±3.3%
	8：150℃	E：±4.7%
	9：200℃	F：±7.5%
		P：±10%
		R：±15%
		S：±22%
		T：22%～33%
		U：22%～56%
		V：22%～82%

4）耐压值。贴片电容也有耐压值，从4V到4kV（DC）不等，当额定电压在100V及以上时，即归纳为中高压产品，常见的取值有6.3V、10V、16V、25V、50V、100V、200V、500V、1000V几种。有的产品上面标识的耐压值是用字母和数字混合的方法来表示的，见表4-12。

表4-12　贴片电容的耐压值的表示方法

字母	A	B	C	D	E	F	G	H	J	K	Z
耐压值/V	1.0	1.25	1.6	2.0	2.5	3.15	4.0	5.0	6.3	8.0	9.0

例如："1J"代表其耐压值为 $6.3 \times 10^1 V = 63V$。

（4）贴片电容的命名　贴片电容的命名方法因各厂家原因稍有不同，我们来看广东"风华高科"生产的通用型系列片式电容的命名方法，见表4-13。

表4-13　某种通用型系列片式电容的命名方法

××××	××	×××	×	×××	×	×
尺寸规格：	介质种类：	标称容量：	容量误差：	额定电压值：	端头材料：	包装方式：
0201	CG 表示 COG	0R5 表示 0.5pF	B 表示 ±0.10pF	6R3 表示 6.3V	S 表示纯银端头	T 表示编带包装
0402	CH 表示 COH	1R0 表示 1.0pF	C 表示 ±0.25pF	500 表示 50×10^0V	C 表示纯铜端头	B 表示散包装
0603	HG 表示 HG	102 表示 10×10^2pF	D 表示 ±0.5pF	102 表示 10×10^2V	N 表示三层电镀头	
0805	LG 表示 LG	224 表示 22×10^4pF	F 表示 ±1.0%			
1206	PH 表示 PH		G 表示 ±2.0%			
1210	RH 表示 RH		J 表示 ±5.0%			
1808	SH 表示 SH		K 表示 ±10%			
1812	TH 表示 TH		M 表示 ±20%			
2220	UJ 表示 UJ		S 表示 +50%～ -20%			
2225	SL 表示 SL		Z 表示 +80%～ -20%			
3035	X 表示 X5R		注：其中，BCD级误差			
	B 表示 X7R		只适用于容量≤10pF的			
	E 表示 Z5U		产品			
	F 表示 Y5V					

例：命名为0805CG101J500NT型号的贴片电容，具体参数如下：

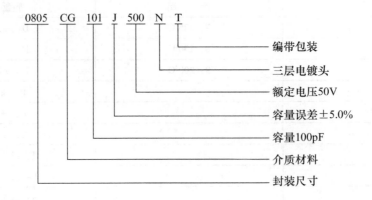

0805　CG　101　J　500　N　T

编带包装
三层电镀头
额定电压50V
容量误差±5.0%
容量100pF
介质材料
封装尺寸

3. 贴片电感

贴片电感（Chip Inductors）具有平底，适合粘贴、高 Q 值、低阻抗、低磁漏、耐大电流、占用电路板面积小等诸多优点，在PCB板载电路中得到了广泛应用。

贴片电感的外形多为矩形，也有圆柱形，大小各异，如图4-7所示。

a) 绕线电感(立式)　　b) 绕线电感　　c) 叠层片式电感

图4-7　部分贴片电感的外形

（1）贴片电感的分类　贴片电感一般按照其使用范围来分，大致可以分为功率电感、一般用电感和高频用电感三种。按照结构来分，一般可分为叠层片式、绕线式、薄膜片式和编织型四种，其中常见的只有叠层片式和绕线式两种。

1）叠层片式电感：具有良好的磁屏蔽性，烧结密度高，机械强度好，与绕线型电感相比，具有体积小、磁路封闭、可靠性高、耐热性好、形状规则、适合SMT生产的优点。但其缺点是成本高、合格率低、电感量较小、Q 值低。

2）绕线式电感：与插件式电感相似，电感量准确度高、损耗小、载流大，适合用于高频回路。但是它的缺点是体积大，难以做到小型化。

（2）贴片电感的结构和电路符号　贴片电感在电路中的作用及其电路符号和前面讲过的插件式电感基本相同，但是其物理结构和插件式电感的差别较大。贴片电感的内部结构如图4-8所示。

（3）贴片电感的基本参数

1）外形尺寸。叠层片式电感常见的封装一般符合表4-14。

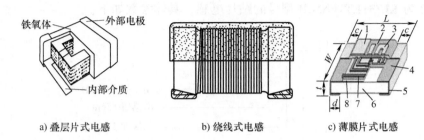

a) 叠层片式电感　　　　　　b) 绕线式电感　　　　　c) 薄膜片式电感

图 4-8　贴片电感的内部结构

1—方向性标记　2—保护膜　3—显示　4—内部电极　5—外部电极　6—陶瓷基板　7—线圈模式　8—绝缘膜

表 4-14　矩形叠层片式电感封装规格及尺寸

英制（in）规格代号	公制（mm）规格代号	长 L/mm	宽 W/mm	高 t/mm	a/mm	b/mm
0402	1005	1.00 ± 0.10	0.50 ± 0.10	0.30 ± 0.10	0.20 ± 0.10	0.25 ± 0.10
0603	1608	1.60 ± 0.15	0.80 ± 0.15	0.40 ± 0.10	0.30 ± 0.20	0.30 ± 0.20
0805	2012	2.00 ± 0.20	1.25 ± 0.15	0.50 ± 0.10	0.40 ± 0.20	0.40 ± 0.20
1206	3216	3.20 ± 0.20	1.60 ± 0.15	0.55 ± 0.10	0.50 ± 0.20	0.50 ± 0.20
1210	3225	3.20 ± 0.20	2.50 ± 0.20	0.55 ± 0.10	0.50 ± 0.20	0.50 ± 0.20

2）电感量。普通片状电感的电感量一般为 10nH ~ 1mH；功率电感的取值范围能达到 1nH ~ 20mH。

3）常用误差值。常用的片状电感误差值见表 4-15。

表 4-15　贴片片状电感常用误差代码

误差代号	G	J	K	M
误差值	$\pm 2.0\%$	$\pm 5.0\%$	$\pm 10\%$	$\pm 20\%$

4）其他参数。感抗、品质因数等其他参数参考插件式电感部分。

（4）贴片电感的命名　贴片电感的命名方法因各厂家原因稍有不同，我们以日本 KOA 株式会社的薄膜片式电感 KL73 为例，来讲述一下 KOA 的命名方法，见表 4-16。

表 4-16　某种通用型片式电感的命名方法

KL73	1E	T	TP	10N	G
品种	形状： 1E 表示 1.0mm×0.5mm 1J 表示 1.6mm×0.8mm 2A 表示 2.0mm×1.25mm 2B 表示 3.2mm×1.6mm	端子表面材质： T 表示 Sn	封装： TP 表示　2mm 沥青纸封装 TE 表示　4mm 沥青塑料压花封装 BK 表示　扩展封装	公称电感值	允许误差： B 表示 ±0.1nH C 表示 ±0.2nH G 表示 ±2% J 表示 ±5%

例：命名为 KL731ETTPN56B 型号的贴片电感，具体参数如下：

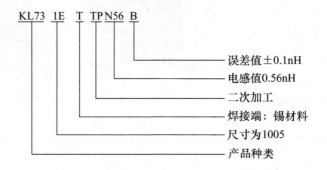

　　　　KL73　1E　T　TP N56 B

　　　　　　　　　　　　　　　　误差值±0.1nH
　　　　　　　　　　　　　　　　电感值0.56nH
　　　　　　　　　　　　　　　　二次加工
　　　　　　　　　　　　　　　　焊接端：锡材料
　　　　　　　　　　　　　　　　尺寸为1005
　　　　　　　　　　　　　　　　产品种类

▶ 想一想

如果在一块电路板上发现一个完全不认识的贴片元器件，应该怎样识别它的种类和参数呢？

▶ 做一做

在任意型号的一块废旧手机主板上，找到贴片电阻、贴片电容和贴片电感，并分别测量出它们的型号和基本参数。

任务 2　其他贴片元器件的识别

▶ 学习目标

1. 认识贴片二极管、晶体管的外形种类。
2. 认识晶体、晶振、振子等贴片元器件。

▶ 工作任务

1. 识别二极管、晶体管的封装和引脚极性。
2. 识别晶体、晶振、振子的封装和引脚。

[任务实施]

▶ 学一学

1. 贴片二极管的外形、种类

（1）贴片二极管的外形　部分贴片二极管的外形如图 4-9 所示。

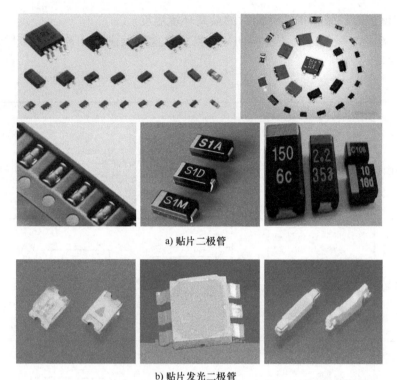

a) 贴片二极管

b) 贴片发光二极管

图 4-9　部分贴片二极管的外形

（2）贴片二极管的分类

1）按照使用的半导体材料来分，可以分为锗（Ge）二极管和硅（Si）二极管。

2）按照管芯的种类，又可以分为点接触型二极管、面接触型二极管和平面型二极管。

① 点接触型二极管是用一根细的金属丝压在半导体晶片外表，通以电流，使触丝一端与晶片烧结在一起，形成一个 PN 结。由于以"点"的方式接触，只容许经过较小的电流，所以它适用于高频小电流电路，例如收音机的检波电路。

② 面接触型二极管的 PN 结接触面积较大，允许经过较大的电流，主要可用于整流电路。

③ 平面型二极管是一种特制的硅二极管，它不仅能经过较大的电流，并且性能稳定可靠，多用于开关、脉冲或高频电路中。

3）按照二极管在电路中的作用来分类，又可以大致分为检波二极管、整流二极管、稳压二极管、开关二极管、变容二极管、肖特基二极管、功率二极管、发光二极管等。

（3）贴片二极管的参数和封装

1）参数：此处仅介绍部分贴片二极管的额定值，相关电特性请参阅其他资料。

① 总耗散功率：一般指二极管输入功率和输出功率的差值，表明了二极管本身对电功率的消耗作用的大小。

② 结到环境热阻：二极管工作时，二极管 PN 结的温度和二极管外壳（环境）的温度之间会有个差值。热阻表示的是结到环境之间的热量传递的一个系数。该系数越大，越需要加强散热，否则易导致二极管损坏。

③ 最高温度：二极管所能承受的最高物理温度。

④ 储存温度：二极管在正常存储时的最高环境温度。

2）封装：贴片二极管的封装种类和标准繁多，这里仅讲述几种常见的封装样式及其尺寸参数，见表4-17。

表4-17　部分贴片二极管的封装样式及尺寸参数　　　　（单位：mm）

封装名称	封装样式	尺寸参数
SMA（DO－214AC）		
SMB（DO－214AA）		
SMC（DO－214AB）		
SOD－123		
SOD－323		
SOD－523		

（续）

封装名称	封装样式	尺寸参数
SOD-723		
LL-34		
LL-41		
SOT-23		
SOT-323		
SOT-523		
SOT-89		

注意：这里需要说明的是 SOD 中的 D，指的是二极管（Diode）的意思，SOT 中的 T 指的是晶体管（Transistor）的意思。这里的 D 和 T 仅仅指的是外形封装，也就是说 SOD 只有两个引脚，SOT 有三个以上的引脚，并不能代表里面集成的一定是二极管或者晶体管。例如，型号为 BZX84C2V4 的硅电压调整二极管，它的封装就是 SOT－23 的，而型号为 2SC1623L3 的 NPN 型硅通用晶体管也可以是同样的 SOT－23 封装，具体如图 4-10 所示。

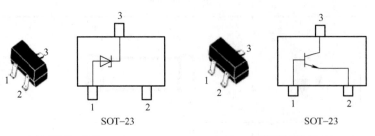

a) 硅电压调整二极管BZX84C2V4　　　　b) NPN型硅通用晶体管2SC1623L3

图 4-10　SOT－23 封装中两种不同的内部结构

2. 贴片晶体管的外形、种类

（1）贴片晶体管的外形　常见贴片晶体管的外形如图 4-11 所示。

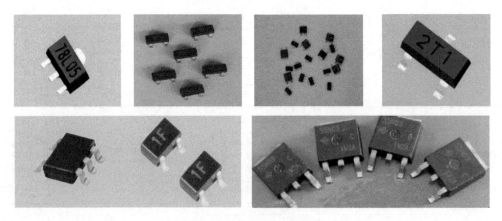

图 4-11　常见贴片晶体管的外形

（2）贴片晶体管的分类　和插件式晶体管类似，贴片晶体管也可以按照以下方式分类：

① 按照用途来分，可分为高中频放大管、低频放大管、低噪声放大管、光电管、开关管、达林顿管、阻尼管等。

② 按照功率来分，可分为小功率晶体管、中功率晶体管、大功率晶体管。

③ 按照工作频率来分，可分为低频晶体管、高频晶体管、超高频晶体管。

④ 按制作工艺来分，可分为平面型晶体管、合金型晶体管、扩散型晶体管。

⑤ 按封装类型来分，可分为金属封装、陶瓷封装、塑料封装、玻璃封装等。

⑥ 按半导体类型来分，可分为 NPN 型管、PNP 型管。

（3）贴片晶体管的参数和封装

1）参数：此处仅介绍贴片晶体管的部分极限参数，其他电气特性请参阅其他资料。

①集电极耗散功率：一般指晶体管工作时，由于电流的热效应导致的功率损耗，该值一般相对固定，如果散热差，或者工作电流、电压过大，超过该值范围，会导致晶体管烧毁。

②集电极-发射极击穿电压：基极开路，集电极到发射极所能承受的最高电压值。

③集电极-基极击穿电压：发射极开路，集电极到基极所能承受的最高电压值。

④集电极最大电流：集电极所能承受的最大电流值。

2）封装：贴片晶体管的封装种类和标准繁多，这里仅讲述几种常见的封装样式及其尺寸参数，见表4-18。

表4-18 部分贴片晶体管的封装样式及尺寸 （单位：mm）

封装名称	封装样式	尺寸参数
DPAK（TO-252）		
D2PAK（TO-263）		
SOT-89		
SOT-223		

（续）

封装名称	封装样式	尺寸参数
SOT－323		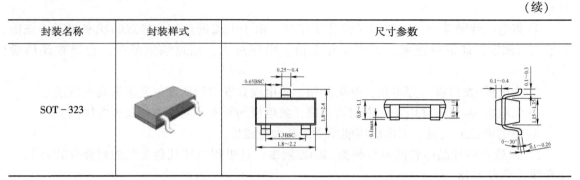

注：本表中基本上是单个晶体管的封装，还有双晶体管的封装，例如 SC－74、SC－74a 这类五脚管、六脚管，这里就不再赘述了，读者可以自行查阅相关资料。

3. 晶体和晶体振荡器

（1）晶体和晶体振荡器的外形　常见贴片晶体和晶体振荡器的外形如图 4-12 所示。

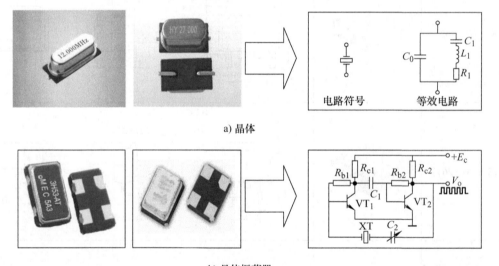

a) 晶体

b) 晶体振荡器

图 4-12　常见贴片晶体和晶体振荡器的外形

（2）晶体和晶体振荡器的区别　晶体和晶振一般用来为电路提供基准频率或者用来计时。一般说来，大部分参考资料都将"晶体"和"晶体振荡器"统称为"晶振"，只不过把前者称为"无源晶振"，后者称为"有源晶振"。事实上，我们仔细观察图 4-12a，明显只有两个管脚，其内部结构就是一个简单的晶体。而图 4-12b 内部除了一个晶体之外，还有其他元器件，和晶体一起构成一个电路，它一般为 4 个管脚，除了供电、接地以外，一般还有一个控制端和一个输出端，其引脚定义一般为"一控、二地、三出、四供"，意思就是第一脚是频率控制端，第二脚是接地端，第三脚是输出端，第四脚是供电端。有少部分晶体振荡器供电和接地端是对调了的，所以笔者习惯把无源晶振称为晶体（Crystal），把有源晶振称为晶体振荡器或者简称为晶振（Oscillator），但是在下面的内容中，我们还是一并先将二者统称为晶振。

（3）晶振的分类及参数

1）分类：按功能和实现技术的不同，可以将晶振分为以下几类。

① 恒温晶振（OCXO）：这类晶振将晶体置于恒温槽内，通过设置恒温工作点，使槽体保持恒温状态，在一定范围内不受外界温度影响，达到稳定输出频率的效果。该类型晶振可带压控引脚 V_{cxo}，主要应用于各种类型的通信设备中。

② 温度补偿晶振（TCXO）：这类晶振采用了温度补偿技术，通过感应环境温度，将温度信息做适当变换后控制晶振的输出频率，达到稳定输出频率的效果。该类晶振有更宽的工作温度范围，主要应用于军工领域和使用环境恶劣的场合。

③ 普通晶振（SPXO）：这是一种简单的晶振，通常称为钟振，主要应用于稳定度要求不高的场。

④ 压控晶振（VCXO）：这类晶振可以通过压控脚在一定范围内调节晶振的输出频率。

2）参数：

① 封装：大致可以分为插件式（Through Hole）和贴片（SMD）两种，其中，插件式晶振可分为 HC‑49U、HC‑49S、HC‑33U、全尺寸（矩形）、半尺寸（正方形）、音叉型（圆柱状）等。HC‑49U 一般称为 49U，俗称"高型"，而 HC‑49S 一般称为 49S，俗称"矮型"，音叉型按照体积可以分为以英制为单位（in）的 $\phi 3 \times 10$、$\phi 3 \times 9$、$\phi 3 \times 8$、$\phi 2 \times 6$、$\phi 1 \times 5$、$\phi 1 \times 4$ 等。贴片晶振是按尺寸大小来分类的，例如以公制为单位（mm）的 7050、6035、5032、3225、2025 等。

② 标称频率：也称为中心频率或者频点，指的是晶振理想状态下输出的额定振荡频率。该值一般标识在晶振的封装表面。

③ 电压：对于有源晶振，指其供电端的额定电压值。

④ 负载电容：晶振在电路中并联或者串联的电容值。如果实际电路中使用的电容的容值与负载电容值有偏差，会导致晶振的输出频率相对于标称频率产生部分偏移。

⑤ 振动模式：晶振的振动方式分基音、泛音两种，泛音又分为 3 次泛音、5 次泛音、7 次泛音等。

▶ 想一想

如果在一块电路板上，发现一个六脚管，如何判断它的内部到底是二极管还是晶体管？

▶ 做一做

在任意型号的一块废旧手机主板上，找到一个二极管、一个晶体管，想办法分别测量出它们的极性。

在任意型号的一块可开机手机主板上，找到晶体和晶振，加电开机，用频率计测量它们的输出频率各是多少。

任务 3 各种常见贴片 IC 的识别

学习目标

1. 认识各种贴片 IC 的封装。
2. 认识各大品牌芯片。

工作任务

1. 了解各种 IC 封装的名称和外观。
2. 了解各大品牌芯片的历史和发展状况。

[任务实施]

学一学

1. IC 的封装

(1) IC 的概念 IC 一般就是指集成电路（Integrated Circuit），是一种微型电子器件。它是将某个具有一定功能的电路中所需要的电阻、电容、二极管等各种元器件及它们之间的连接导线整个制作到一块硅基片上去，再在外面加上封装，留出引脚位置，这样就变成了一块芯片。它的特点是：具有原电路的所有功能、体积大大缩小、功耗低、可靠性高。贴片 IC 的种类有很多，所以导致封装的种类也有很多。IC 的封装主要应考虑以下几个因素：

① 封装面积/体积要尽量贴近 IC 的面积/体积，以节省空间。

② 引脚要尽量短，减少信号传输的时延，引脚的间距要尽量大，保证相邻引脚不相互干扰。

③ 不管哪种封装，一定要考虑到散热。

(2) IC 封装发展的进程

① 结构方面：TO→DIP→PLCC→QFP→BGA→CSP。

② 引脚方面：长引脚直插→短引脚或无引脚贴装→球状凸点引脚。

③ 材料方面：金属或者陶瓷→陶瓷或者塑料→塑料。

④ 安装方式：通孔插装→表面组装→直接安装。

(3) 各种常见贴片 IC 封装的外观

① PLCC 封装：带引线的塑料芯片载体（Plastic Leaded Chip Carrier），如图 4-13 所示。这是一种表面贴装型封装，外形呈正方形，引脚从封装的四个侧面引出（J 形），伸到芯片底部并向内弯曲。PLCC 封装的优点是外形尺寸小，可靠性高。

图 4-13　PLCC 封装的外形

② QFP 封装：四方扁平封装（Plastic Quad Flat Package），如图 4-14 所示。这是一种表面贴装型封装，引脚从四个侧面引出，呈海鸥翼（L 形）分布，其基材有陶瓷、金属和塑料三种，多为塑料封装。一般大规模或超大规模集成电路常采用这种封装形式，采用这种封装技术制作的 CPU 芯片引脚之间距离很小，引脚很细。QFP 封装的优点是外形尺寸较小，寄生参数减小，适合高频应用。

图 4-14　QFP 封装的外形

③ BGA 封装：球栅阵列封装（Ball Grid Array Package），如图 4-15 所示。这是一种表面贴装型封装，引脚为圆形或者圆柱形，按阵列的方式分布在芯片底部。该封装有以下优点：引脚数虽然增大了，但引脚间距反而增大了，提高了组装成品率；功耗虽然有所增加，但能用可控塌陷芯片法焊接，从而改善电热性能；厚度和重量都较以前的封装技术有所减少（与 QFP 封装相比，厚度减少 1/2 以上，重量减轻 3/4 以上）；寄生参数（电流大幅度变化时，引起输出电压扰动）减小，信号传输延迟小，使用频率大大提高；组装可用共面焊接，可靠性高。缺点是 BGA 封装仍与 QFP 封装一样，占用基板面积过大。

图 4-15　BGA 封装的外形

④ CSP 封装：芯片级封装（Chip Scale Package），如图 4-16 所示。这是一种表面贴装型

封装，它采用最新一代的内存芯片封装技术，可以让芯片面积与封装面积之比超过1:1.14，已经相当接近1:1的理想情况，约为普通BGA封装的1/3，与BGA封装相比，同等空间下CSP封装可以将存储容量提高三倍。该封装有以下优点：体积小，只占到同级别BGA封装的1/3～1/10；输入/输出接口数量多，同等面积的芯片，QFP封装、BGA封装和CSP封装的引脚数目比接近于1:2:3；芯片内部连线短、电气性能好；芯片薄，散热性能好，是最新一代的封装形式。

CSP封装类型有一百多种，最常见的有五种类型，柔性基片CSP（Flexible Substrate-based CSP）、刚性基片CSP（Rigid Laminate CSP）、引线框架CSP（Customized Leadframe-based CSP）、圆片级CSP（Wafer Level CSP，WLCSP）、叠层CSP。

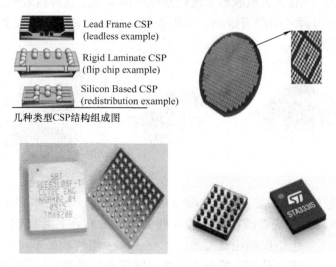

几种类型CSP结构组成图

图4-16　部分CSP封装的外形

2. IC的品牌

国际上大的IC品牌种类也很多，无一不是行业内的巨头，下面为大家挑出几个大的品牌来介绍。

（1）ADI　美国模拟器件（ADI）公司是一家跨国半导体装置生产商，专为消费与工业产品制造ADC、DAC、MEMS与DSP芯片，目前正在设计范围为65nm～3μm的电路。

美国模拟器件公司现今于全球雇用了8800名雇员，其总部设在美国马萨诸塞州的Nor-wood市，在全球拥有多个设计中心，生产据点位于马萨诸塞州、北卡来罗纳州、加州、以色列、菲律宾，中国台湾有该公司的一个检测工厂。美国模拟器件公司发展、生产、销售高性能模拟、数字和混合信号IC，用于各类信号处理，目前在模拟、数字信号处理用的精密高性能IC方面居领先地位。主要产品包括系统IC和通用标准线性IC，此外也包括采用组装产品技术生产的器件产品。

（2）AMD　超微半导体（AMD）公司是一家专注于微处理器与图形处理器设计和生产的跨国公司，总部位于美国加州旧金山湾区硅谷内的森尼韦尔市。

AMD公司为计算机、通信及消费电子市场供应各种集成电路产品，其中包括中央处理器、图形处理器、闪存、芯片组以及其他半导体技术。公司的主要设计及研究所位于美国和加拿大，主要生产设施位于德国，还在新加坡、马来西亚和中国等地设有测试中心。AMD

于 2006 年 7 月 24 日并购 ATI 后，成为一家同时拥有中央处理器和图形处理器等生产技术的半导体公司，也是唯一可与英特尔和英伟达匹敌的厂商，在 2010 年第二季全球个人计算机中央处理器的市场占有率中，英特尔以 80.7% 排名第一、AMD 以 19.0% 位居第二，而威盛电子则占 0.3%。

收购 ATI 前的 AMD，其主要产品是中央处理器，在其 K7 处理器中期之后，CPU 的特点是以较低的核心时钟频率产生相对较高的运算效率，虽然它也开始使用 PR 值来标定产品性能，但低级 Duron 仍以时钟频率标定，而且其主频通常会比同性能的英特尔中央处理器低 1GHz 左右。自从 Athlon XP 上市以来，AMD 与 Intel 的技术差距逐渐缩小。

（3）BROADCOM 博通（BROADCOM）公司是全球最大的无厂半导体公司之一，产品为有线和无线通信半导体。

1991 年，加州大学洛杉矶分校工程学教授山缪利（Henry Samueli）和他的博士班学生尼可拉斯（Henry T Nicholas III）在美国加州尔湾小镇创立博通，以开发机顶盒的宽带通信芯片为主。2000 年网络泡沫化，博通陷入困境，亏损累计共 65 亿美元，股价滑落到十元以下，博通裁掉 500 名员工。2003 年，尼可拉斯离开博通，博通在当年度推出全球第一个 802.11b 单芯片，又成为任天堂 Wii 游戏机无线局域网芯片组的供应商。

博通在 2006 年收入为 36.7 亿美元，2007 年营收为 37.8 亿美元，有 2000 多项美国专利和 800 多项外国专利。2010 年营收预计要达到 60 亿美元以上。目前它也是全球最大的 WLAN 芯片厂商。

（4）FREESCALE 飞思卡尔（FREESCALE）公司是美国的半导体生产厂商，于 2004 年由原摩托罗拉的半导体部门组建。

摩托罗拉于 2003 年 10 月宣布剥离飞思卡尔，第二年 7 月，飞思卡尔上市。

2006 年 9 月 15 日，飞思卡尔公司宣布接受由百仕通集团（即黑石集团，Blackstone Group）领导的财团的收购。11 月 13 日，特别股东大会决定同意收购。12 月 1 日总金额达 176 亿美元的收购完成。

飞思卡尔半导体是全球领先的半导体公司，专注于嵌入式处理解决方案。飞思卡尔面向汽车、网络、工业和消费电子市场，提供的技术包括微处理器、微控制器、传感器、模拟集成电路和连接。飞思卡尔针对的应用和终端市场包括汽车安全、混合动力和全电动汽车、下一代无线基础设施、智能能源管理、便携式医疗器件、消费电器以及智能移动器件等。

飞思卡尔的主要产品为面向嵌入和通信市场的芯片，其产品包括微处理器、单片机、数字信号处理器、数字信号控制器、传感器、射频电源 IC 和电源管理 IC。同时，飞思卡尔还是 POWER 体系芯片的重要提供商。该公司拥有广泛的专利所有组合，包括大约 6100 项专利家族。此外，飞思卡尔还提供软件和开发工具以支持产品开发和发展。飞思卡尔还是第一个将 MRAM 商业化的厂商。它将设计、研究和开发总部设在德克萨斯的首府奥斯汀，和超过 20 个国家有制造与销售的业务。飞思卡尔目前是排名第七的美国半导体销售领导公司，在全球排名第十六。

（5）INFINEON 英飞凌（INFINEON）科技股份有限公司总部位于德国纽必堡，主要提供半导体和系统解决方案，解决在高能效、移动性和安全性方面带来的挑战。2012 财年（截止于 9 月 30 日），公司报告的销售额达 39 亿欧元，在全球拥有约 26700 名员工。英飞凌在法兰克福证券交易所（股票代码：IFX）和美国柜台交易市场 OTCQX International Premier

（股票代码：IFNNY）挂牌上市，其前身是西门子集团的半导体部门（Siemens Semiconductor），于1999年独立，2000年上市。中文名曾被称为亿恒科技，2002年起更至现名，其无线解决方案部门在2010年8月售给英特尔。

（6）INTEL　英特尔（INTEL）公司是世界上最大的半导体公司，也是第一家推出x86架构处理器的公司，总部位于美国加利福尼亚州圣克拉拉，由罗伯特·诺伊斯、高登·摩尔、安迪·葛洛夫以"集成电子"（Integrated Electronics）之名在1968年7月18日共同创办，将高级芯片设计能力与领导业界的制造能力结合在一起。同时，英特尔也开发主板芯片组、网卡、闪存、绘图芯片、嵌入式处理器、与通信及运算相关的产品等。"Intel Inside"的广告标语与Pentium系列处理器在20世纪90年代非常成功地打响了英特尔的品牌。

英特尔早期主要开发SRAM与DRAM的存储器芯片，在1990年之前这些存储器芯片是英特尔的主要业务。1990年时，英特尔在设计新的微处理器与培养快速崛起的PC工业上做了相当大的投资，在这段时期英特尔成为PC微处理器的供应领导者，而且市场定位具有相当大的攻势与有时令人争议的营销策略，就像是微软公司一样支配着PC工业的发展方向。而由Millward Brown Optimor发表的2007年世界上最强大的品牌，排名显示出英特尔的品牌价值由第15名掉落了10个名次到了第25名，而主要竞争对手有AMD、NVIDIA、SAMSUNG。

（7）MTK　联发科技股份有限公司（MTK）创立于1997年，已在台湾证券交易所公开上市，股票代号为2454。总公司设在台湾新竹科学工业园区，是一家Fabless（无生产线）IC设计公司，公司初期以开发光盘驱动器芯片为主，其后发展了手机及数字电视与穿戴式设备解决方案芯片。产品领域覆盖数码消费、数字电视、光储存、无线通信等多个系列，是亚洲唯一连续六年蝉联全球前十大IC设计公司的华人企业，被美国《福布斯》杂志评为"亚洲企业50强"。联发科技作为全球IC设计领导厂商，专注于无线通信及数字媒体等技术领域。公司提供的晶片整合系统解决方案，包含无线通信、高解析度数字电视、光储存、高解析度DVD等相关产品，在市场上均居领导地位。MTK一贯提供一站式解决方案（Total Solution），从DVD到数字电视再到手机，这种极富国情特色的解决方案与商业模式，具有极强的竞争力。MTK在手机领域已拿下大陆市场近50%的基带芯片份额，拥有成熟的GSM/GPRS/EDGE方案。

（8）QCOM　高通（QCOM）公司是一个位于美国加州圣迭戈的无线电通信技术研发公司，由厄文·马克·雅克布和安德鲁·维特比创建于1985年，两人此前曾共同创建了Linkabit。

高通公司的第一个产品和服务包括OmniTRACS卫星定位和通信服务，广泛应用于长途货运公司和专门研究集成电路的无线电数字通信技术，譬如维特比解码器。

高通公司在CDMA技术的基础上开发了一种数字蜂窝通信技术，第一个版本被规范为IS-95标准。后来开发的新产品使用同样的主题，包括IS-2000和1x-EVDO。高通曾开发和销售CDMA手机和CDMA基站设备，目前是全球20大半导体厂商之一。作为一项新兴技术，CDMA2000正迅速风靡全球并已占据20%的无线市场。截至2012年，全球CDMA2000用户已超过2.56亿，遍布70个国家的156家运营商已经商用3G CDMA业务。包含高通授权LICENSE的安可信通信技术有限公司在内，全球有数十家OEM厂商推出EVDO移动智能终端。2002年，高通公司芯片销售创历史佳绩；1994年至今，高通公司已向全球包括中国在内的众多制造商提供了累计超过 75 亿多枚芯片。

近年来，高通公司把它的基站业务和手机研发业务分别卖给了爱立信和 Kyocera，现在主要从事开发、无线电技术许可和出售 ASIC。高通公司还开发了 BREW（Binary Runtime Environment for Wireless）手机平台，并且维护和售卖 Eudora 电邮程序。

（9）ST　意法半导体（ST）是一家国际性的半导体生产商，总部位于瑞士日内瓦。公司成立于 1987 年，是意大利 SGS 半导体公司和法国汤姆逊半导体公司合并后的新企业。公司的创立目标是在亚微米时代跻身于世界一流的半导体公司之列。新公司采纳并实施了一个锐意进取的公司发展战略，将大量的资金投入到产品技术的研发活动中，与业绩优异的客户和享誉全球的学术机构建立战略联盟，在主要的经济地区建立集研发、制造和销售于一体的业务网络，力争成为世界上生产效率最高的制造公司之一。

ST 还是多个领域的市场领导者，例如，据初步的工业数据显示，ST 是世界第五大半导体公司，其模拟产品、模拟专用集成电路（AASIC）和模拟专用标准产品（ASSP）的销售额居市场领先水平。ST 是第一大手机、相机模块供应商和第二大分立器件供应商、第三大 NOR 闪存供应商，在汽车电子、工业用产品和无线应用领域，其市场排名居第三。ST 同时是全球第一大机顶盒和电源管理芯片制造商。在中国市场上，ST 是 2005 年第三大半导体供应商。

20 世纪 80 年代中期，ST 在北京设立了第一个办事处，成为第一批在中国设立营业机构的半导体公司之一。今天，ST 大中国区共有员工 4200 余人，其中 1000 多名员工专门从事设计、技术支持和市场销售工作。最近，ST 投入 5 亿美元，在深圳龙岗宝龙工业区兴建了新的芯片封装测试厂。

（10）Texas Instruments　德州仪器（Texas Instruments，TI）公司是一家位于美国德克萨斯州达拉斯的跨国公司，以开发、制造、销售半导体和计算机技术闻名于世，主要从事数字信号处理与模拟电路方面的研究、制造和销售。它在 25 个国家有制造、设计或者销售机构。德州仪器是世界第三大半导体制造商，仅次于英特尔、三星；是蜂窝手机的第二大芯片供应商，仅次于高通；同时也是世界范围内的第一大数字信号处理器和模拟半导体组件的制造商，其产品还包括计算器、单片机以及多核处理器。德州仪器居世界半导体公司 20 强。

德州仪器于 1951 年创建，它由地球物理业务公司（GSI）整组而产生，这家公司最初生产地震工业和国防电子的相关设备。TI 于 20 世纪 50 年代初开始研究晶体管，同时也制造了世界上第一个商用硅晶体管。1954 年，TI 研发制造了第一台晶体管收音机，1958 年，在 TI "新研究实验室" 工作的 Jack Kilby 发明了集成电路。1961 年，TI 为美国空军制造了第一台集成电路计算机。20 世纪 50 年代末期，TI 开始研究红外线技术，随后 TI 涉足制造导弹和炸弹的雷达系统以及导航和控制系统。世界上第一台便携式计算器由 TI 于 1967 年发明。

20 世纪 70、80 年代，TI 公司业务集中于家用电子产品，如数字钟表、电子手表、便携式计算器、家用计算机以及各种传感器。1997 年，TI 公司将其国防业务出售给了美国雷神公司。2007 年，TI 被认为是世界上最大的道德企业之一。

2011 年收购美国国家半导体公司（National Semiconductor）之后，TI 拥有由约 45000 种模拟电路产品及客户设计工具组成的投资组合，这使 TI 成为世界上最大的模拟电路元器件生产厂商。2011 年 TI 在财富 500 强中位列第 175。TI 旗下业务有两个主要分支：半导体（SC）和教育技术（ET），其中半导体业务创造了公司收益的约 96%。

想一想

我们国家有没有自行研制出来的 IC？

做一做

请查找出我国研制 IC 的发展历程。

项目5 元器件的库存

电子元器件采购回来之后，根据前面项目所介绍的内容，应该掌握了它们的检测方法。在实际生产过程中，并非所有的元器件都能马上被使用，而且电子产品生产厂家也必须留有部分元器件存放在仓库中备用。大多数电子元器件像食品一样，是有保质期的，并且它们容易受潮老化。那么应该如何保存这些脆弱的元器件呢？本项目将进行介绍。

项目 目标与要求

- 能将元器件正确包装并存放。
- 会设置、改变仓库存放条件。
- 会使用入库、出库管理软件，熟悉库存管理条例。
- 能应对库存管理突发事件。

项目 工作任务

- 完成元器件分类、包装及存放。
- 按要求更改仓库存放条件。
- 使用库存管理软件。
- 对货物进行盘点。

项目 情景式项目背景介绍

某电子生产厂家现采购了一批电子元器件，现在给出一张物料清单，假如你是该公司的仓库保管员，该如何完成元器件存放任务呢？

根据该项目内容，可分为4个任务来完成：①元器件的存放；②库存管理软件的使用；③编写库存管理条例；④仓库突发事件应对处理。

项目 任务书

根据上述背景介绍，可以将两个任务分步骤进行并分别罗列如下：

工 作 任 务	任务实施流程
任务1　元器件的存放	步骤1　明确库存管理的概念
	步骤2　元器件的存放方法
任务2　库存管理软件的使用	步骤1　使用库存管理软件记录入库
	步骤2　使用库存管理软件记录出库
	步骤3　会更改库存管理软件的使用权限
任务3　编写库存管理条例	步骤1　编写库存管理条例
任务4　仓库突发事件应对处理	步骤1　货物的保护与撤离
	步骤2　灭火器的使用

任务1　元器件的存放

学习目标

1. 初步了解库存概念及作用。
2. 了解元器件包装分类等相关知识。
3. 了解更改库存条件的方法。
4. 知道仓库安全注意事项。
5. 熟悉库存管理制度。

工作任务

1. 完成元器件的分类存放。
2. 更改库存条件。
3. 对货物进行盘点。
4. 对新采购元器件进行保管。

[任务实施]

学一学

一、库存概念

1. 库存管理定义、功能及意义

1）定义：库存管理（Inventory Management）也称库存控制（Inventory Control），是指根据外界对库存的要求，预测、计划和执行一种补充库存的行为，并对这种行为进行控制的过程。

2）功能：库存管理的主要功能是记录入库、出库、盘点等库存详细信息，帮助用户清楚地统一管理库存的每一次出库、入库及盘点情况，提高库存管理效率。

3）意义：库存管理是一项非常专业且重要的工作，目前我国许多电子工厂并未将之作为一个管理重点。据统计，就库存管理中的库存周期来说，在美国，部分企业库存周期只有8天，但我国部分企业的库存周期长达51天，仅库存成本一项，占销售额的比例就高达20%～30%。从物流成本构成看，我国物流管理成本占总成本的14%，而美国只有3.8%。对电子企业进行库存管理，其实就是降低其成本。这对于竞争激烈的电子工厂而言，无疑具有非常重要的意义。

2. 库存管理面临的困难

一个初具规模的仓库，库存物品种类繁多，例如原材料、半成品、成品、样品等；加上各个部门联系与操作多，例如生产单位的物料领取、销售部门的货物提取、采购部门的原材料入库、宣传部门的样品借出或归还等。库存管理员需要解决的问题其实是所有库存管理都面临的问题，集中在以下几个方面：

1）分支结构多仓库的库存管理。

2）库存的盘点管理。

3）库存的借出和归还管理。

4）库存样品管理。

5）库存占用资金管理。

6）准时采购管理。

3. 解决库存管理困难的方法

解决以上几个库存管理上的困难需要积累大量管理经验，对于初学者来说，主要是把握好以下几点：

（1）清楚认识什么是库存管理 "仓"也称为仓库，是存放物品的建筑物和场地，可以为房屋建筑、大型容器、洞穴或者特定的场地等，具有存放和保护物品的功能；"储"表示收存以备使用，具有收存、保管、交付使用的意思，当适用有形物品时也称为储存。"库存"则为利用仓库存放、储存未及时使用的物品的行为。简言之，库存就是在特定的场所储存物品的行为。

库存管理就是对仓库及仓库内的物资所进行的管理，是库存机构为了充分利用所具有的库存资源提供高效的库存服务所进行的计划、组织、控制和协调过程。具体来说，库存管理包括库存资源的获得、库存商务管理、库存流程管理、库存作业管理、保管管理、安全管理等多种管理工作及相关的操作。

库存管理是一门经济管理科学，同时也涉及应用技术科学，故属于边缘性学科。库存管理，即库管，是指对仓库及其库存物品的管理，库存系统是企业物流系统中不可缺少的子系统。物流系统的整体目标是以最低成本提供令客户满意的服务，而库存系统在其中发挥着重要作用。库存活动能够促进企业提高客户服务水平，增强企业的竞争能力。现代库存管理已从静态管理向动态管理发展，产生了根本性的变化，对库存管理的基础工作也提出了更高的要求。

（2）把握好库存管理的基本原则

1）效率的原则。库存作业管理的核心是效率管理。

2）经济效益的原则。作为参与市场经济活动主体之一的库存业，也应围绕着获得最大经济效益的目的进行组织和经营。

3）服务的原则。库存管理主要是为工厂的生产销售服务的。

（3）熟悉库存管理的主要活动

1）企业库存活动的类型。企业可以选择自有仓库、租赁公共仓库或采用合同制库存为物料、商品准备库存空间。一个企业是使用自有仓库还是租赁公共仓库或采用合同制库存需要考虑周转总量、需要的稳定性、市场密度。各种仓库的优点如下：

① 自有仓库库存：相对于公共库存而言，企业利用自有仓库进行库存活动可以更大程度地控制库存，管理也更具灵活性。

② 租赁公共仓库库存：企业通常租赁提供营业性服务的公共仓库进行物品储存。该库存的优点是成本控制灵活，出租方服务周到、环境良好。

③ 合同制库存：合同制库存公司能够提供专业、高效、经济和准确的分销服务，能给企业提供一些非常有用的信息。

2）库存的一般业务程序。

① 签订库存合同。

② 验收货物。

③ 办理入库手续。

④ 货物保管。

⑤ 货物出库。

3）库存管理的内容。

① 订货、交货。

② 进货、交货时的检验。

③ 仓库内的保管、装卸作业。

④ 场所管理及备货作业。

产品在库存中的组合、妥善配载和流通包装、成组等活动就是为了提高装卸效率，充分利用运输工具，从而降低运输成本的支出。合理和准确的库存活动会减少商品的换装、流动，减少作业次数，采取机械化和自动化的库存作业，都有利于降低库存作业成本。优良的库存管理，能对商品实施有效的保管和养护，并进行准确的数量控制，从而大大减少库存的风险。

（4）对库存管理模型进行科学分类　根据供应和需求规律确定生产和流通过程中经济合理的物资存储量的管理工作。库存管理应起缓冲作用，使物流均衡通畅，既保证正常生产和供应，又能合理压缩库存资金，以得到较好的经济效果。库存管理模型的分类情况如下：

1）不同的生产和供应情况采用不同的库存模型。按订货方式分类，可分为5种订货模型。前4种模型属于货源充足、随时都能按需求量补充订货的情况。

① 定期定量模型：订货的数量和时间都固定不变。

② 定期不定量模型：订货时间固定不变，而订货的数量依实际库存量和最高库存量的差别而定。

③ 定量不定期模型：当库存量低于订货点时就补充订货，订货量固定不变。

④ 不定量不定期模型：订货数量和时间都不固定。

⑤ 有限进货率定期定量模型：货源有限制，需要陆续进货。

2）库存管理模型按供需情况分类可分为确定型和概率型两类。确定型模型的主要参数都已确定；概率型模型的主要参数有些是随机的。

3）按库存管理的目的分类又可分为经济型和安全型两类。经济型模型的主要目的是节约资金，提高经济效益；安全型模型的主要目的则是保障正常的供应，不惜加大安全库存量和安全储备期，使缺货的可能性降到最小限度。库存管理的模型虽然很多，但综合考虑各个相互矛盾的因素求得较好的经济效果则是库存管理的共同原则。

（5）对库存管理手段进行升级　以前，库存管理多以表格形式进行，报表不及时，统计也非常不方便，现在，不同的管理软件陆续被大中型企业所采用，成为企业信息化的一个重要趋势。不同类型的企业如制造业、服务业、金融业、零售业等，它们使用的管理软件也是不同的。另外，企业的规模不同，使用的软件也不相同。例如一种大型的管理软件SAP，是目前世界上比较先进的企业管理软件，功能强大，系统中不仅包含库存，还包括生产、采购、销售、成本、质量甚至人事管理等功能。它被大部分的世界知名企业应用，我国部分大型民营企业也有采用，但是其价格高昂，使用复杂，并不适宜中小型企业使用。

4. 库存管理的组织结构和库存管理者应具备的工作能力

下面以一个小型的电子产品代加工厂为例，说明库存管理的组织结构和库存管理者应具备的工作能力。

（1）库存管理的组织结构　库存管理一般包括以下四部分：

1）接受组：这一组的人员主要负责来料的箱数清点和检查外包装是否有损坏。如发现损坏的外包装，立即通知IQA（Incoming Quality Assurance，来料质量保证）部门，检验外包装内部的产品是否有损坏，如有损坏立即把此箱货退还发货公司；如无损坏可以经IQA部门在外箱盖章通过。上述都核对确认无误后收货，存放到仓库后接收组人员还要对每箱货物内部的小包装进行清点（箱数比较少的情况下），箱数多的话，则要按30%的对比量来清点。以上的步骤全部做完后，便要通知来料质量保证部门进行检验。

2）来料质量保证部门：按照公司在订货时要求供应商提供材料的规格即规格表（《员工作业指导书》，一般称为SIC）来检验来料是否符合公司的要求。如果不符合，则和供应商联系，要求换货。来料全部合格便传到下一组，发料组。IQA并不属于仓库，它属于质量管理部门，只是程序的需要，所以安置在仓库的这个环节里，但不在仓库的管辖之内。

3）发料组：不同的电子工厂，发料内容也是不一样的。客户下订单后，会通过公司的生产管理算好每一个产品需要哪些材料，每一种材料需要几个发料单发到发料组人员的手里，然后按照发料单上面的数量发放到生产线进行生产，生产线生产完后再把成品存入到仓库，由成品组的人员来接收。

4）成品组：成品组主要负责生产线成品入库数量的清点和出货到客户产品数量的清点任务。

总之，要想做好库存的管理，主要应该做到账、物、卡一致，账表示公司内部的一个管理日常进出货物的系统软件（如SAP企业账目管理软件）；物就是库存内所有材料和成品；卡是一种以表格来填写的代表每一种材料和成品每天进出多少的卡片。所以说这三种都要保持一致，否则就表示出错。还有一定要遵守材料和成品先进先出的发货原则，即必须要把先收进来的材料发到生产线生产，可以按照材料外包装上所贴的月份标签来识别哪些材料是最早的材料。成品也是如此，生产线最早入库的成品在有出货单的情况下最先出货。

（2）库存管理应具备的工作能力　库存管理可以简单概括为以下几个关键点的管理模式：

1）追货：库存管理应具备信息追溯能力。仓库管理应该前伸至物流运输与供应商生产出货状况，与供应商生产排配和实际出货状况相衔接。

2）收货：仓库在收货时应采用条码或更先进的 RFID 扫描来确认进料状况，关键点包括：在供应商送货时，若送货资料没有采购单号，仓库应及时找相关部门查明原因，确认此货物是否应今日此时该收进；在清点物料时如有物料没有达到最小包装量的散数箱时，应开箱仔细清点，确认无误，方可收进；收货扫描确认时，如系统不接收，应及时找相关部门查明原因，确认此货物是否收进。

3）查货：仓库应具备货物的查验能力。对垄断货源的独家供应市场的物料实施特别管制，严控数量，独立存放。仓库应实施 24h 保安监控；建立免检制度，要求供应商对不良物料无条件及时补货退换；对于元器件的储存时限进行分析并设定不良物料处理时限。

4）储货：物料进仓要做到不落地或储存在栈板上，可随时移动。每一种物料只能有一个散数箱，具有暂存时限自动警示功能，尽量做到储位管制，没有特殊情况，不能移动。

5）拣料：拣料要依据工令消耗顺序来做，如果有条件，拣料时争取做到自动扫描和自动扣账动作，及时变更库存信息并告知采购部门调度补货。

6）发货：仓库依据领料单发货，发货完毕及时将数据录入库存管理软件，做到库存数量一目了然，有条件的仓库可以使用自动扫描系统配合信息传递运作。

7）整理盘点时要始终遵循散板散箱散数原则。例如 1 种 PCB 总数为 10 011 个，共 100 包（每包 100 个）加 11 个散件，在盘点单上盘点数数方法应写成 100 包 × 100 个 + 11 个 = 10 011 个。对于物料要进行分级分类，从而确定各类物料盘点时间，定期盘点可分为日盘/周盘/月盘。

8）退货：以整包装退换为原则，处理时限与处理数量应以不耽误生产为最大原则。

二、电子元器件仓库的外观

电子元器件仓库外观如图 5-1 所示。

图 5-1　电子元器件仓库外观

三、元器件的存放

1. 部分元器件的保存期限及保存条件

部分元器件的保存期限及保存条件见表 5-1。

表 5-1 部分元器件的保存期限及保存条件

类 别	品 名		保存期限	保 存 条 件
零配件、耗材	IC		3 年	1. 保存场所温度： 仓库：5～35℃ 静电仓库：5～30℃ 2. 保存场所湿度：30% ～70% RH 3. 当在仓库保管场所，无法满足 70% RH 湿度以下时，必须严格遵守以下条件： ＊远离会产生蒸汽的装置 ＊避免潮湿或者结露的情形发生 ＊避免空气中有腐蚀性气体（硫黄气，氨气及盐） ＊避免阳光直射 ＊远离会产生振动、粉尘的装置
	晶体管			
	二极管			
	电阻			
	电容(电解电容除外)			
	端子			
	排线			
	被覆线			
	镀锡铜线			
	熔丝		2 年	
	散热器(有焊锡)			
	散热器(无焊锡)			
	六角螺钉（有焊锡）			
	电解电容	日本产	2 年	
		国产部分	1 年	
	空基板(单面或双面)	非真空包装	3 个月	
		真空包装	1 年	
	线架（Bobbin）		1 年	
	H-IC 用导线架			
半成品	H-IC		1 年	
	自插或 SMT 安装完毕基板		3 个月	
	变压器		1 年	
成品	变压器		2 年	
	电源			

2. 超过保存期限后的处理方法

1）超过保存期限的零配件，由物管部门对超过保存期限的产品进行再检查，且再检查次数不得超过三次。

2）对超过保存期限的半成品、成品，应由生产部门提出申请，且成品经过实施再检查，确认无问题后，可自动延长，但是进行过两次再检测之后的成品（超过四年的成品）不可出货。

3）对包装内具有温度指示卡的 IC 在使用前，需确认温度指示卡 30% 及以上位置是否变色（正常状态变为蓝色，不良状态为粉红色），如有变色，此包装内 IC 在使用前需进行烘干处理，之后方可使用。烘干条件如下：

① 在温度为 40℃、湿度小于等于 5% RH 条件下干燥 192h。

② 在温度 125～130℃条件下干燥 16h。

注意：在入料检查或成品、耗材等放入仓库保存时其入库日期应在其生产日期的六个月内（对于非真空包装的基板应在一个月内），否则应当不予接收，并进行异常问题处理。

3. 仓库的湿度控制

（1）湿度对电子元器件和整机的危害　绝大部分电子产品都要求在干燥条件下作业和存放。据统计，全球每年有 1/4 以上的工业制造不良品与潮湿的危害有关。对于电子工业，潮湿的危害已经成为影响产品质量的主要因素之一。

1）集成电路：潮湿对半导体产业的危害主要表现在潮湿能透过 IC 塑料封装或从引脚等缝隙侵入 IC 内部，产生 IC 吸湿现象。在 SMT（表面封装技术）元器件焊接过程的加热环节中形成水蒸气，产生的压力导致 IC 树脂封装开裂，并使 IC 内部金属氧化，导致产品故障。此外，当元器件在 PCB 的焊接过程中，因水蒸气压力的释放，也会导致虚焊。根据 IPC（国际电子工业连接协会）颁布的规范 J-STD-033（潮湿敏感元器件包装、运输、存储、使用等作业标准）中规定：在高湿空气环境暴露后的 SMD（表面贴装技术）元器件，必须将其放置在 10% RH 湿度以下的干燥箱中，且放置时间为高湿空气环境暴露时间的 10 倍时间，才能恢复元器件的"车间寿命"，避免报废，保障安全。

2）液晶器件：液晶显示屏等液晶器件的玻璃基板和偏光片、滤镜片在生产过程中虽然要进行清洗烘干，但待其降温后仍然会受潮气的影响，降低产品的合格率，因此在清洗烘干后应存放于 40% RH 以下的干燥环境中。

3）其他电子元器件：电容、陶瓷器件、接插件、开关件、焊锡、PCB、晶体、硅晶片、石英振荡器、SMT 胶、电极材料黏合剂、电子浆料、高亮度器件等，均会受到潮湿的危害。

4）作业过程中的电子元器件：封装中的半成品到下一工序之间；PCB 封装前以及封装后到通电之间；拆封后但尚未使用完的 IC、PCB 等；等待锡炉焊接的元器件；烘烤完毕待回温的元器件；尚未包装的成品等，均会受到潮湿的危害。

5）成品电子整机：整机在库存过程中也会受到潮湿的危害。如在高湿度环境下存储时间过长，将导致故障发生，对于计算机板卡、CPU 等会使金属氧化导致接触不良发生故障。电子工业产品的生产和产品的存储环境湿度应该在 40% RH 以下，有些品种还要求湿度更低。

（2）湿度控制方法

1）在货架底部加垫木板或者塑料板防潮。

2）在仓库中均匀放置除湿剂，例如木炭、石灰、干燥剂等。优点是价格低廉；注意点：要杜绝它们产生的粉尘对元器件的影响。

3）采用除湿机。优点是性能良好，仓库湿度稳定；缺点是价格昂贵。

做一做

1）将项目 1 采购的碳膜电阻、金属膜电阻、瓷片电容、电解电容以及项目 2 采购的整流二极管、发光二极管、稳压二极管、晶体管和场效应晶体管等元器件按要求存放在指定货架上。

2）设置好温度、湿度并制作一份温度、湿度记录表。

要求：

① 存放元器件位置合理。

② 温度、湿度设置正常。

评分依据：

① 元器件存放结构。

② 温度、湿度是否正确设置。

③ 小组成员的协作能力。

任务 2　库存管理软件的使用

学习目标

1. 了解库存管理软件的作用。
2. 熟悉库存管理软件的内部功能组成。
3. 了解入库的操作方法。
4. 了解库存盘点的操作方法。

工作任务

1. 电子元器件入库操作。
2. 电子元器件库存盘点操作。

将采购的电子元器件清点入库之后，要在库存管理软件上做相应的记录，否则会出现有元器件过期变质，而生产线上却缺少元器件可用的情况。库存管理软件种类很多，世界500强企业大多使用联网的 SAP 系统，它涵盖了采购、生产、库存、销售等各大功能模块，但由于售价太高，使用复杂，不适合中小型企业使用，这里以一个简单易用的美萍库存管理软件为例，说明了库存管理软件的功能与作用。下面主要针对两部分内容来描述：一个是进货管理；一个是仓库盘点。

[任务实施]

学一学

1. 进货管理的步骤

1）双击计算机桌面上的快捷方式图标，打开美萍库存管理软件，如图 5-2 所示。

2）在弹出的对话框中填入用户名和密码，如图 5-3 所示。

3）在打开的页面中，选择进货管理，如图 5-4 所示。

4）单击图 5-4 中的"进货入库"图标，即可进入图 5-5 的页面。

5）在"供货商"栏填写供货商的名称，在"收货日期"栏填入入库当天的日期，填写好的界面如图 5-6 所示。

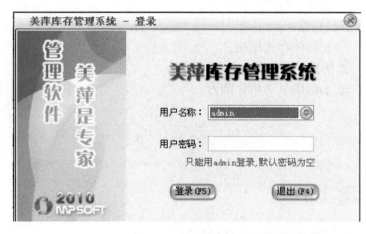

图 5-2　快捷方式图标　　　　　　　　　　　　　图 5-3　登录界面

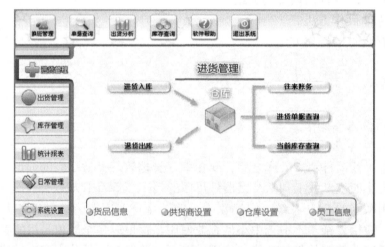

图 5-4　进货管理界面

图 5-5　进货入库界面

图 5-6 填写好供货商及收货日期的界面

6）如果采购的元器件以前在该软件中录入过，则单击"老货品添加"按钮；如果采购的是以前没有录入过的新元器件，则单击"新货品添加"按钮。这里假设没有录入过该元器件，单击"新货品添加"按钮，则可进入增加货品界面，如图 5-7 所示。

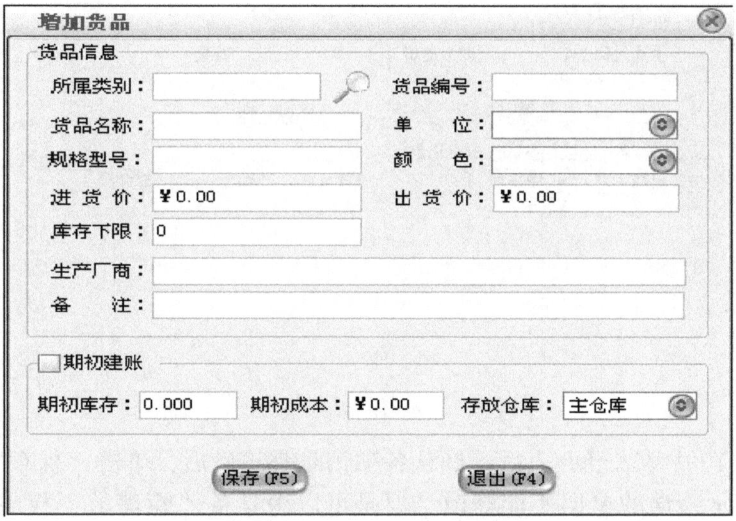

图 5-7 增加货品界面

7）将元器件信息如实依次填入图 5-7 中的各栏并单击"保存"按钮，可先选择元器件所属类别，如图 5-8 所示。

8）接下来填入详细信息，填写完成后单击"保存"按钮，即可进入图 5-9 所示窗口。

9）填入数量后单击"确定"按钮，即可进入图 5-10 所示窗口。

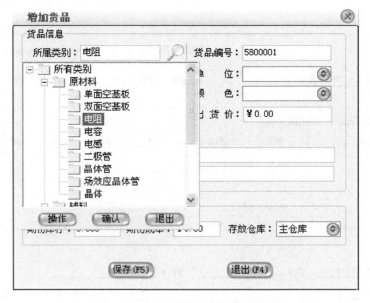

图5-8　选择元器件所属类别界面

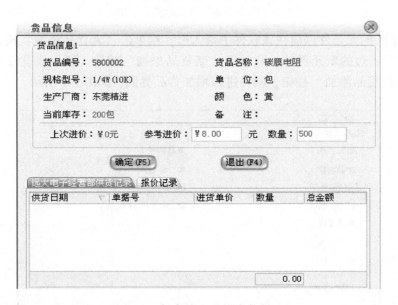

图5-9　保存填入后的确定窗口

10）在图5-10中填入经办人后，确认各项信息都正确后，单击"保存"按钮，系统将出现提示框，表示错误的单据不能修改，但是可以由具备"管理员"权限的账户来删除，如图5-11所示。

2. 仓库盘点步骤

1）进入到图5-12所示的主界面，选择"库存管理"页面。

2）单击"库存盘点"按钮，进入库存盘点的页面，如图5-13所示。

3）按照系统提示，先选择仓库，然后填写"货品编号或名称"栏，在该栏填入"碳膜"两个字之后，系统自动出现相关内容供选择，如图5-14所示。

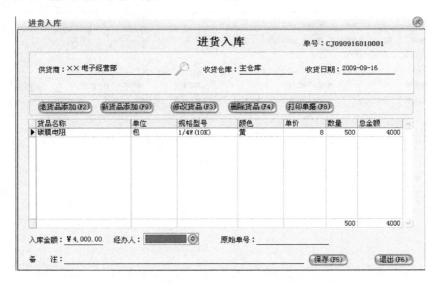

图 5-10　确定保存后的窗口

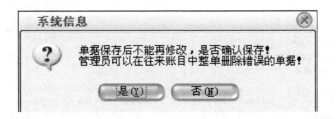

图 5-11　确认保存单据

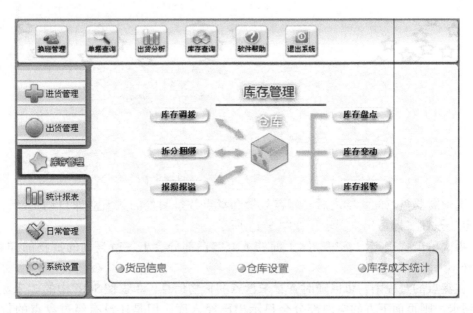

图 5-12　库存管理页面

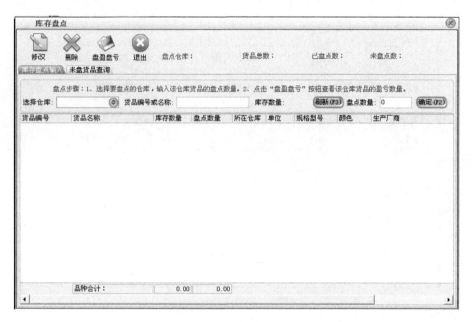

图 5-13 库存盘点页面

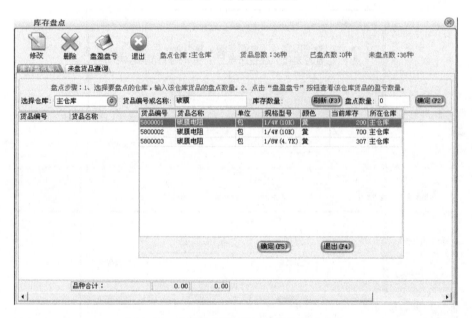

图 5-14 选择仓库及需要盘点的货品名称

4）选中需要盘点的货物之后，库存数量和盘点数量两处的数值立即自动更新，然后单击"确定"按钮，即可出现提示，如图 5-15 所示。

5）再次单击"确定"按钮，则页面的下方空白部分会出现所查询的货物的详细信息，如图 5-16 所示。

6）在盘点的过程中，可以随时查看未盘点的货物信息，单击图 5-16 中的"未盘货品查询"选项卡，则页面下方的空白部分会显示出已经入库，但是还没有经过盘点的货物的信息，如图 5-17 所示。

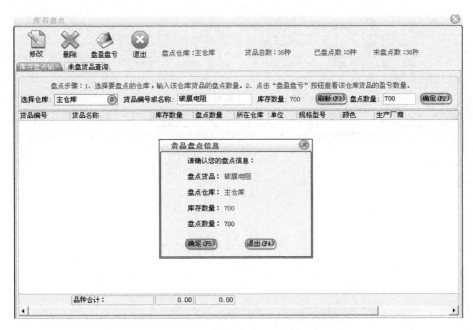

图 5-15　盘点碳膜电阻的提示

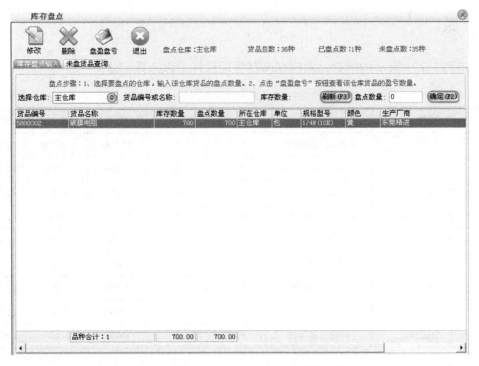

图 5-16　碳膜电阻的详细信息

7）将所有货物全部盘点，只需要重复 2）到 5）步骤的过程即可。

美萍库存管理系统的其他功能在此不做赘述，大家在使用的过程中可以慢慢练习。

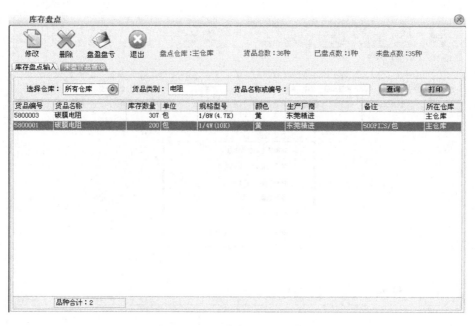

图 5-17 已入库但未盘点的货品

做一做

1）将表 5-2 中所示的所有元器件在库存管理软件上做入库记录。

表 5-2 元器件入库实验

序号	参数	品名规格	品牌	单位/元	数量	单价/元	交货时间
1	1/8W	3.6kΩ 碳膜电阻	国产	个	10 000	0.010 0	12 月 9 日
2	1/8W	56kΩ 金属膜电阻	国产	个	5 000	0.012	12 月 9 日
3	Pitch = 2.5mm	68nF 瓷片电容	国产	个	5 000	0.015 2	12 月 9 日
4	φ4mm × 7mm	4.7μF 电解电容	国产	个	5 000	0.03	12 月 9 日
5	2AP9	整流二极管	国产	个	3 000	0.08	12 月 9 日
6	1N4728	稳压二极管	国产	个	3 000	0.03	12 月 9 日
7	红 φ5mm	发光二极管	国产	个	2 000	0.08	12 月 9 日
8	9013	晶体管	国产	个	5 000	0.06	12 月 9 日
9	3DJ2D	场效应晶体管	国产	个	1 000	2.00	12 月 9 日

2）入库后，将所有入库的元器件再次盘点并存档。

要求：

① 入库元器件记录正确规范。

② 小组自行盘点一次，要求零差错。

③ 入库后小组交叉盘点，要求零差错。

评分依据：

① 入库元器件录入位置是否准确。

② 小组自行盘点的准确率。

③ 交叉盘点的准确率。

任务3　编写库存管理条例

学习目标

1. 了解仓库入库操作流程。

2. 了解物料发放及成品出库管理方法。

3. 了解库存管理制度的编写方法。

工作任务

编写库存管理条例。

[任务实施]

学一学

1. 入库操作流程

（1）大数验收

1）大数验收范围。大数验收是物料入库的第一工序，由仓库收货人员与运输人员或运输部门进行物料交接，由其他地方转移到仓库时，收货员要在现场监督卸载。

注意：对于品种多、数量大、规格复杂的入库物料，卸载时要分品种、规格、货号堆放，要依据正式入库凭证，原则上先将大件（整件）数量点收清楚。

2）大数验收方法。大数验收方法分逐件点数和堆码点数两种：逐件点数靠人工记忆而且容易出错，可以使用简单的计数器计数；堆码点数是将物料排列整齐，每层的件数与堆高的乘积就是物料的总数。

注意：堆码顶层通常为散件或者物料的零数，验收的时候需要注意区分。

（2）检查包装和标志

1）对物料包装的检查包括：外包装是否完整及牢固，是否有受潮、油污等异状。

2）认真核对所有物料包装上的标志、型号是否与入库通知上所列的相符。

（3）办理交接手续　在经过点数和检查之后，仓库收货人员即可与送货人员办理交接手续，由仓库收货人员在送货单上签收，从而分清仓库与运输之间的责任。

（4）验收

1）入库后，根据相关部门要求进行抽检，即开箱拆包点验。

2）到库物料必须及时验收，发现质量不符合要求或者与外包装标志不一致的，要立即进行退换货或者向对方提出索赔。

3）一批到库物料全部验收清点完毕之后才能发货，不允许出现边验收边发货，甚至是未经验收直接发货。

4）入库物料的验收要求做到准确无误，如实反映物料的实际情况，不能带有主观偏见和臆断，要严格按照合同规定标准验收。

2. 发料及成品出库管理

（1）发料的基本概念　发料是由物料管理部门或库存部门根据生产计划，将仓库储存的物料直接向制造部门生产现场发放的行为。

（2）发料工作的优点

1）库存管理部门能够积极、主动把握物料的数量。

生产计划部门的生产计划稳定，物料的用量才会相对稳定，库存管理部门的发料工作才会有规律可循。

2）能加强对制造部门用料、损耗及不良物料的控制。

如果库存管理部门严格按照生产数量发料，可以在一定程度上限制生产部门的损耗率及不良品率。因为如果损耗和不良品率高于规定标准，生产部门必须向库存管理部门要求补料，这样不仅打乱了库存管理部门进货的周期，也提高了生产的成本。如果不严格控制发料数量，任由生产部门随意补料，有计划有规律的"发料"最终会变成无计划、随机的"领料"。

（3）发料的基本要求

1）稳定的生产计划。一般而言，计划部门要提前 2～3 天将备料单送达库存管理部门，库存管理部门在制造前 2～3h 将物料备齐并送至生产现场。在计划稳定的情况下，备料和送料都能顺利进行。但是一旦生产计划发生改变，可能会导致库存管理部门没有足够的时间备料，将导致物料发放匆忙而混乱，误发、漏发、少发、多发等情况都有可能发生，最终也会导致变成"领料"的结果。

2）建立损耗标准。成熟的库存管理部门，应该建立自己的标准损耗量，即根据已往的发料、备料、补料的情况，计算出生产部门的平均损耗。

例如：一个充电器需要三个发光二极管作为指示灯，现生产部门需要制作 10 000 个充电器。仓库根据已往的经验：每 1 000 个发光二极管中有 1 个质量可能不合格，而生产过程中由于各种操作或者工艺方面的原因，每焊接 500 个发光二极管就可能会损坏一个。那么库存管理部门不难算出：10 000 个充电器所需要的发光二极管实际上大约应该是 30 090 个。如果发料的时候考虑这些问题，就不会出现生产部门在损耗 90 个发光二极管后再到仓库来补料的情况。

（4）发料的方法

1）库存管理人员收到"领料单"后应严格核对物料的名称、规格、数量。

2）发料时一定要当面清点，单据要核收正确，对应的联要分别自存、送财务、送生产管理等部门。

3）根据领料单填写物料管制卡或者立即在库存管理软件中进行出库登记。

4）注意事项：

① 物料遵循先进先出的原则，尽量保证物料不过期变质。

② 保证剩余物料包装及标志的完整清晰。

③ 保证余留物料的品质不受影响。

3. 成品出库管理

（1）出库管理工作标准

1）成品出库一定要按照出库计划进行，出库单和手续必须符合要求，对非正式凭证或者白条一律不予放行。

2）成品出库必须及时准确，尽量一次完成，以防差错。

3）出库的成品在包装上要符合运输要求。

（2）出库形式

1）提货制：由收货单位受委托前来提货的单位，持提货单到仓库直接提货。实行提货制的商铺出库交接手续应该在仓库内办理完毕。

2）托运制：由发货单位开出提货单，通过在商品流转环节内部传递，将提货单送到仓库，仓库按单发货。该方式运用较普遍，要注意与运输单位的衔接。

3）送货制：由仓库按收货单位要求，按照提货单所列的数量，用仓库自备车辆将成品运往货主指定的地点，交接手续在车辆的卸货地点进行。

（3）出库工作流程　出库工作流程如下：

准备→初核→配货/理货→发货→复核

1）准备：当仓库管理员接到出仓通知后，一般应该按照提货单，将货品一一对应做好出仓标记。在时间和场地允许的情况下，可以提前理货。

2）初核：审核出库凭证，主要是审核各个填写项目是否齐全、产品名称和数量是否正确、印章是否清晰、笔迹是否涂改、提货日期是否过期等。如果发现异常，应立即联系或退至业务部门更正，绝对不能在问题没有明确的情况下先行发货。

3）配货和理货：核对完出库凭证后，严格按照提货单配货。无论零整，均要将货物配齐，按整件或者拼箱来包装。经过复核点数后，按提货单顺序分堆理清，以利装运。属于送货的商品，还需提前加贴运送标签，以免错送。

4）发货：收货人或者运输部门持提货单到仓库时，仓库管理员应逐单核对，点货并交予运输人员，划清责任。发货结束后，在提货单上加盖"发讫"章，留据备查。

5）复核：发货后，仓库管理员应及时核对产品存储数，检查剩余产品的规格、数量是否符合账面结存数。

注意： 仓库发货一般原则上是当天一次发完，如果确有其他因素，可以考虑分批提取，但必须符合分批提取手续，每批次发货时仍应按照上述步骤操作，谨防差错。

做一做

根据以上学习内容，结合上网查询的方式，以小组为单位，编写一份库存管理条例。

要求：

1）编写条例内容合理。

2）涵盖内容全面。

3）具有可操作性。

4）无明显漏洞。

任务4　仓库突发事件应对处理

学习目标

1. 能处理仓库被盗窃后的处理方法。
2. 了解紧急避险的法律法规相关条文。
3. 了解灭火器的种类及使用方法。

工作任务

1. 紧急情况下保护和撤离货物。
2. 灭火器的使用。
3. 火灾逃生演习。

[任务实施]

学一学

1. 被盗处理

1）发现被盗后应第一时间通知本单位保卫处，同时保护被盗现场不被破坏。

2）如果没有保卫部门，则需立即通知管理部门相关负责人。

3）若相关负责人无法到达现场，则征求负责人意见并拨打报警电话。

4）如果单位购买了保险，应立即拨打保险公司电话，等待保险公司的专业人员来协助核查清点损失情况。

2. 紧急避险

（1）紧急避险的概念　为了使国家、公共利益、本人或者他人的人身、财产和其他权利免受正在发生的危险，不得已采取的紧急避险行为，造成损害的，不负刑事责任。紧急避险超过必要限度造成不应有的伤害的，应当负刑事责任，但是应当减轻或者免除处罚。

注意：第一款中关于避免本人危险的规定，不适用于职务上、业务上负有特定责任的人。

例如：仓库管理员在发现楼下的生产车间发生火灾，火势已经蔓延至楼上仓库，已经无法避免的时候，为了保障自己的生命安全，可以放弃灭火，选择逃离火灾现场，这种行为，就是一种紧急避险。

（2）紧急避险的构成 对于仓库管理员而言，避险的意图在于保障自身的生命安全。避险起因可以是遭遇盗抢、火灾、洪水、狂风、地震等。避险的时间一般是正在发生危险的时间，并且必须是迫在眉睫。对仓库管理员自身的人身等合法权利已直接构成了威胁，才能实行紧急避险。对于尚未到来或已经过去的危险，都不能实行紧急避险，否则就是避险不适时。

3. 火灾的处理

（1）火灾的起因 火灾发生的原因主要有漏电、短路、超负荷、接触电阻过大或者其他火种失控导致。

（2）灭火救灾的原则

1）先救人、后救物：先通知周围人员疏散，所有人员的生命安全得到保障后，再组织人员采取灭火措施。

2）先重点、后一般：先抢救重点物资，再抢救一般物资。

3）先控制、后消灭：先将火势控制在一定范围，不继续蔓延扩大，然后扑灭火源。

（3）火灾应对处理

1）拉响墙上的火警警报。

2）组织人员有序疏散，制止脱险者重返火灾现场。

3）组织人员灭火并结合具体情况考虑是否拨打火警电话。

4）拨打报警电话时一定要表述清楚起火的地点、火势情况，并在明显位置安排人员接应消防车辆。

（4）灭火器的种类、原理及使用方法 通常使用的便携式灭火器有泡沫灭火器、干粉灭火器、二氧化碳灭火器和1211灭火器。它们的具体灭火原理如下：

1）泡沫灭火器是通过灭火器喷出的泡沫，在燃烧物表面形成一个泡沫覆盖层，使燃烧与空气隔绝，同时泡沫中的水还能对燃烧物起到冷却作用，水汽同时降低燃烧附近氧气的浓度，从而使燃烧终止。主要适用于扑救油类等非水溶性易燃体火灾，也可扑救木材、橡胶、纤维等固体火灾。

2）干粉灭火器通过在灭火器中装入干粉灭火剂（由具有灭火效能的无机盐和少量的添加剂经干燥、粉碎、混合而成的微细固体粉末组成）而成。主要适用于扑救石油、石油产品、油漆、有机溶剂、易燃气体、可燃气体、电气设备以及各类固体物质火灾。

3）二氧化碳灭火器中装入的是液态的二氧化碳，二氧化碳具有较高的密度，约为空气的1.5倍。在常压下，液态的二氧化碳会立即汽化，一般1kg的液态二氧化碳可产生约0.5m^{3}的气体。因而，灭火时，二氧化碳气体可以排除空气而包围在燃烧物体的表面或分布于较密闭的空间中，降低可燃物周围或房屋空间内的氧浓度，产生窒息作用而灭火。另外，二氧化碳从储存容器中喷出时，会由液体迅速汽化成气体，而从周围吸引部分热量，起到冷却的作用。二氧化碳灭火器主要用于扑救贵重设备、档案资料、仪器仪表、600V以下电气设备及油类的初起火灾。

4）1211灭火器利用装在筒内的氮气压力将1211灭火剂喷射出而灭火，它属于储压式灭火器，1211是二氟一氯一溴甲烷的代号，以液态罐装在高压钢瓶内。1211灭火剂是一种低沸点的液化气体，具有灭火效率高、毒性低、对着火物质腐蚀性小、久储不变质、灭火后不留痕迹、不污染被保护物、绝缘性能好等优点。1211灭火器主要适用于扑救易燃、可燃液体、气体及带电设备、精密仪器、仪表、贵重的物资、珍贵文物、图书档案、飞机、船舶、车辆、油库、宾馆等场所固体物质的表面初起火灾。但是由于价格昂贵，且在使用后对大气层有破坏作用，现已基本较少使用。

4. 灭火器的使用方法举例

干粉灭火器的使用方法如图5-18所示。

用手托住灭火器，将其从墙上取下，灭火器一般安装在离地面高1.5m处

a)

提着灭火器到火灾现场

b)

拔掉铅封

c)

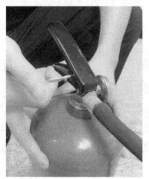

抽出保险

d)

站在离火源2m处，右手执喷嘴，左手按下压把同时将喷嘴左右摇摆，直至干粉覆盖整个燃烧区

e)

图5-18　干粉灭火器的使用方法

做一做

1）模拟紧急情况下的货物撤离。
2）使用干粉灭火器扑灭火源演练。
要求：
1）货物撤离及时、损耗率低。
2）能正确使用灭火器扑灭火源。

附　　录

附录 A　热敏电阻型号命名组成部分的含义表

第一部分:主称		第二部分:类别		第三部分:用途或特征		第四部分:序号
字母	含义	字母	含义	数字	含义	
M	敏感电阻	Z	正温度系数热敏电阻	1	普通型	用数字或字母与数字混合表示序号,代表着某种规格、性能
				5	测温用	
				6	温度控制用	
				7	消磁用	
				9	恒温型	
		F	负温度系数热敏电阻	0	特殊型	
				1	普通型	
				2	稳压用	
				3	微波测量用	
				4	旁热式	
				5	测温用	
				6	控制温度用	
				8	线性型	

附录 B　光敏电阻型号命名组成部分的含义表

第一部分:主称		第二部分:用途或特征		第三部分:序号
字母	含义	数字	含义	
MG	光敏电阻	0	特殊	用数字表示序号,以区别该电阻的外形尺寸及性能指标
		1	紫外光	
		2	紫外光	
		3	紫外光	
		4	可见光	

（续）

第一部分:主称		第二部分:用途或特征		第三部分:序号
字母	含义	数字	含义	
MG	光敏电阻	5	可见光	用数字表示序号,以区别该电阻的外形尺寸及性能指标
		6	可见光	
		7	红外光	
		8	红外光	
		9	红外光	

附录 C　压敏电阻型号命名组成部分的含义表

第一部分:主称		第二部分:类别		第三部分:用途或特征		第四部分:序号
字母	含义	字母	含义	字母	含义	
M	敏感电阻	Y	压敏电阻	无	普通型	用数字表示序号,有的在序号的后面还有标称电压、通流容量或电阻体直径、电压误差等
				D	通用	
				B	补偿用	
				C	消磁用	
				E	消噪用	
				G	过电压保护用	
				H	灭弧用	
				K	高可靠用	
				L	防雷用	
				M	防静电用	
				N	高能型	
				P	高频用	
				S	元器件保护用	
				T	特殊型	
				W	稳压用	
				Y	环型	
				Z	组合型	

附录 D　采用文字符号法标注的电容上字母代表的允许误差对照表

B	±0.1%	E	±0.005%	J	±5%	M	±20%	W	±0.05%
C	±0.25%	F	±1%	K	±10%	N	±30%	X	±0.001%
D	±0.5%	G	±2%	L	±0.01%	P	±0.02%	无	±20%

附录 E　采用数码标志法的电容上数字加字母表示的耐压值对照表

数字	字　母									
	A	B	C	D	E	F	G	H	I	J
0	1V	1.25V	1.6V	2V	2.5V	3.15V	4V	5V	6.3V	8V
1	10V	12.5V	16V	20V	25V	31.5V	40V	50V	63V	80V
2	100V	125V	160V	200V	250V	315V	400V	500V	630V	800V

附录 F　国产半导体分立器件型号命名及含义

第一部分		第二部分		第三部分		第四部分	第五部分
用阿拉伯数字表示器件的电极数目		用汉语拼音字母表示器件的材料和极性		用汉语拼音字母表示器件的类别		用阿拉伯数字表示序号	用汉语拼音字母表示规格号
符号	意义	符号	意　义	符号	意　义		
2	二极管	A	N型,锗材料	P	小信号管		
		B	P型,锗材料	V	混频检波管		
		C	N型,硅材料	W	电压调整管和电压基准管		
		D	P型,硅材料	C	变容管		
3	三极管	A	PNP型,锗材料	Z	整流管		
		B	NPN型,锗材料	L	整流堆		
		C	PNP型,硅材料	S	隧道管		
		D	NPN型,硅材料	K	开关管		
		E	化合物材料	X	低频小功率晶体管 $(f_a < 3\mathrm{MHz}, P_C < 1\mathrm{W})$		
				G	高频小功率晶体管 $(f_a \geqslant 3\mathrm{MHz}, P_C < 1\mathrm{W})$		

（续）

第一部分	第二部分		第三部分		第四部分	第五部分
用阿拉伯数字表示器件的电极数目	用汉语拼音字母表示器件的材料和极性		用汉语拼音字母表示器件的类别		用阿拉伯数字表示序号	用汉语拼音字母表示规格号
符号	意义	符号	意　义	符号	意　　　义		
3	三极管			D	低频大功率晶体管 $(f_a < 3\mathrm{MHz}, P_C \geqslant 1\mathrm{W})$		
				A	高频大功率晶体管 $(f_a \geqslant 3\mathrm{MHz}, P_C \geqslant 1\mathrm{W})$		
				T	闸流管		
				Y	体效应管		
				B	雪崩管		
				J	阶跃恢复管		

参 考 文 献

［1］ 赵广林．常用电子元器件识别、检测、选用一读通［M］．3 版．北京：电子工业出版社，2017．
［2］ 胡斌．图表细说元器件及实用电路［M］．北京：电子工业出版社，2008．